健康食品マーケティング3.0

機能性・エビデンス
全盛時代を
勝ち抜く戦略

Marketing of
Healthy Foods

薬事法マーケティング事務所 代表取締役
渡邉 憲和

はじめに
――健康食品マーケティング3・0時代を勝ち抜く

私は職業柄、次のような声をよく耳にします。

「健康食品が売れなくなった」

「法規制が厳しくて、広告で何が言えるかわからない」

「時代が変わった。機能性表示しなければ生き残れない」

この本を手に取っていただいた皆さんは、これから健康食品の販売をしたい、もしくはすでに健康食品の販売に携わっている方だと思います。もし、あなたが次のような悩みを抱えていたとしたら、この本がお役に立てるかも知れません。

・健康食品の広告規制がよくわからない
・健康食品の広告で指摘されないか不安だ
・機能性表示食品をどのように開発すればいいかわからない
・機能性表示食品の届出が受理されない
・他社との差別化が難しくなってきた

・健康食品特有のマーケティングについて、どのように学べばいいかわからない

健康食品業界で働いていると、こうした悩みはいくらでも出てきます。解決したと思ったはずの悩みが、繰り返し脳裏をよぎることもあるでしょう。なぜ、悩みが尽きないのでしょうか。悩みの種は何なのでしょうか。それは健康食品を取り巻く環境が、この数年間で大きく変わってしまったことに関係します。

自己紹介が遅れました。私は、２０１３年に健康食品の事業者をサポートする会社を立ち上げて以来、10年以上にわたり、健康食品の広告チェックや機能性表示食品の開発・販売のアドバイス業務に取り組んできました。弊社の主な実績として、機能性表示食品の届出では、２０２３年７月時点までで約７００商品以上にかかわってきました。制度発足から同時期までの受理件数が約７０００品であることから、全体の10％に当たる商品に携わったという計算になります。さらに、健康食品に関する広告チェックも年間１００件以上継続して行ってきました。

弊社の業務を遂行するなかで、毎日のようにクライアントから質問を受け、解決策を提案していると、クライアントが抱える悩みや課題に多くの共通点があることに気がつきま

す。そして、健康食品の法規制であまり理解されていない部分や、機能性表示食品を開発するうえでぜひとも知ってほしいポイントにも共通項があると考えるようになりました。

この本では、健康食品を販売している人に知っておいてほしい「日本の健康食品でできること、できないこと」を提示しています。私が普段のセミナーや講演でお話している内容を中心としつつ、セミナーでは取り上げきれない、健康食品の歴史や未来にまで視点を拡大して、健康食品業界全体をあらゆる角度から眺めるといった構成になっています。

私は、現在の健康食品業界を「健康食品マーケティング3・0」時代と呼称しています。そのスタート地点は2015年、つまり、機能性表示食品制度が導入された年です。3・0時代に入り、それまで使用できていた広告表現に指摘が入ってしまう事例が多発しました。機能性・エビデンス全盛時代へと一気に変化を遂げ、新たな戦略を確立させなければ、勝ち抜くことが難しくなったのです。では、一体どんな戦略を採るのがよいのでしょうか。

健康食品の制度は、多数の法規やガイドラインが関連して成り立っています。「食品の機能性として、どのような表示が可能なのか？」「保健機能食品制度の特徴は？」「機能性表示食品で必要な届出資料は何か？」といった基礎的なことを把握しなければ、戦略は立てられません。ルールを理解せずにスポーツするのと同じで、「何ができて、何ができないのか」を正しく理解してこそ、初めて勝機が生まれるのです。

知らないということは、ときに大きなアドバンテージとなりますが、健康食品ビジネスにおいてはビハインドになることが非常に多いと言えます。現行の制度と自社が持っている強みを明確に把握している人がいないと、多くの時間と労力を失う恐れがあるのです。私はそのような事例を何度も見てきました。

もちろん、恐怖ばかりを煽るつもりはありません。ぼんやりと見えている世界をクリアにしてビジネスを推し進めていくために、健康食品マーケティング３・０時代における戦略を知ってもらいたいのです。

本書は全7章で構成されています。ＰＡＲＴ１から順番に読み進めてもらったほうが、より理解を深めてもらえると思いますが、制度や法規制などは十分理解できているという方は、気になるところから読んでもらっても構いません。

まずは、健康食品の歴史を振り返るところから始めていきたいと思います。

渡邉　憲和

PART 1

3つの時代に分けて振り返る健康食品と食品機能性制度の歴史

PART 2 健康食品マーケティング3・0時代の制度を理解する

PART 3

健康食品マーケティング3・0時代の法規制を理解する

PART 4 機能性表示食品の届出を成功させるために必要な知識

PART 5
認知度と商品価値を高める広告戦略

PART 6

ヒット商品を生み出すためのマーケティング戦略

PART 7 健康食品の将来展望と商品開発のアイデア

カバー・本文デザイン・DTP 齋藤 稔(G-RAM)
図版作成協力 齋藤 維吹
校正 株式会社RUHIA

PART 1

3つの時代に分けて振り返る健康食品と食品機能性制度の歴史

「健康食品」という言葉の誕生

●健康食品の歴史は3つの時代に分けて理解する

日本人は、古来より食品と健康の重要性を意識しながら生活してきました。しかし、「健康食品」という言葉が使われ始めたのは、それほど昔のことではありません。

書物を掘り起こしてみると、どうやら昭和以降に健康食品という言葉が使われ始めたようです。**健康食品の歴史は全体を連続した流れで捉えるよりも、「昭和」「平成」「令和」の3つの時代に分類したほうが理解しやすくなります。**それは、元号の変更が不思議と健康食品の歴史とリンクしており、さらには、「健康食品マーケティング3・0」とも結びついているからです。そんなふうに歴史を眺めながら、まずは昭和時代を見ていきましょう。

●雑誌『婦人之友』が紹介した健康食品

昭和は60年以上ありますが、どの時期から健康食品という言葉が使われ始めたのでしょうか。1938年に発行された雑誌『婦人之友』（婦人之友社）のなかでは、「健康食品譜――夏みかん、トマト、いわし、玉子、大豆、雑穀パン」と題し、トマトや夏みかんなどが健康食品として紹介されています。記事の内容は「夏みかんはビタミンCを豊富に含んでいる」「玉子の黄身はビタミンA、B、D、Eなどの栄養成分を多く含んでいる」といったもので、いまから90年近く遡った戦前に、このような栄養に関する情報が雑誌に出ていることには驚かされます。

当時はインターネットどころか、テレビもない時代です。情報源が非常に限られているなかで苦労しながら、健康のためにどのような食品を摂るべきか、栄養素がどの食品に含まれるのかといった健康に関する情報を蓄積していったのでしょう。

昭和初期、いまから100年ほど前の日常においても、日本人は食品から栄養を摂ることを意識して暮らしていました。これを現在に照らし合わせてみると、リコピンを含んだトマトやDHA、EPAを含んだ玉子（卵）、いわし、大豆イソフラボンを含んだ大豆といった機能性表示食品につながります。

昔から健康にいいと言われている食品のなかには、現代になってエビデンスが認められるケースが珍しくありません。伝統的な日本の食生活の価値を再発見することの重要性を考えさせられる好例だと思いますし、「伝統食品×エビデンス」という組み合わせはマーケティングを考えるときのヒントになるでしょう。

健康食品の成り立ちと医食同源

●健康食品の定義

約90年前から一般的な言葉として使われるようになった健康食品は、いまではすっかり市民権を得ています。では、健康食品とは一体どのような食品を指しているのでしょうか。実は日本の法律で健康食品は定義されていないのです。「定義がない」ということは、人によってイメージする内容が違うのかもしれません。

一方、行政機関の通知では定義している場合があります。たとえば、厚生労働省のホームページでは、次のように説明しています。

「法律上の定義は無く、医薬品以外で経口的に摂取される、健康の維持・増進に特別に役立つことをうたって販売されたり、そのような効果を期待して摂られている食品全般を指しているものです」

本書では健康食品という言葉が頻出しますが、ひとまず混乱を避けるため、本章で使用する「健康食品」は前述の厚生労働省の解釈としましょう。法的な考え方や定義については、ＰＡＲＴ２以降で詳しく説明します。

●江戸時代の名著『養生訓』

さて、健康食品の源流にある「食」と「健康」に関する情報は古くから先人たちの知恵として伝承されてきました。その歴史を振り返り、重要な書物をひとつ挙げるとすれば、江戸時代の儒学者・貝原益軒《かいばらえきけん》が著した『養生訓』でしょう。１７１３年に刊行されて以降、現代語訳や解説書がいまなお読み継がれている名著で、養生する（命を養う）ことの重要性が切々と語られています。当時はエビデンスなどまったくない時代ですが、書かれている内容は示唆に富んでいて、その通りに生活すれば長生きできるに違いないと思ってしまいます。

『養生訓』は、西洋的な考え方に端を発する現代日本の健康食品制度とは異なり、極めて東洋的です。日常生活のすべてが健康に影響を与えること、食べる内容というよりは食べる量や時期、調理法などが重要であることを説いており、現代人がすべて実行できているかという観点から考えてみても非常に興味深い内容だと言えます。かの有名な「腹八分目」という言葉も登場します。

健康食品の広告では、「この健康食品さえ食べていれば安心」といった文言を見かけることがあります。そうした広告がいかに『養生訓』に書かれた健康の本道から逸れているかを考えることも大切だと感じます。

●病気の治療も日常の食事も源は同じ

もうひとつ、健康食品を語るうえで欠かせない概念として、「医食同源」という言葉があります。この言葉は、医師の新居裕久氏が1972年発行の雑誌『NHKきょうの料理9月号』（NHK出版）で初めて使用したとされています。

「医食同源」は、病気の治療と日常の食事はともに生命を養い健康を保つためには欠く

ことができないもので、源は同じだという考え方です。中国で古くから伝わる、体にいい食材を日常的に食べて健康を保てば、特に薬などは必要としないという「薬食同源」の考え方をもとにした造語だと言われています。

健康食品の文化は、その食品が持つ医薬品的な部分を切り取って発展してきたようにも思えますが、そう考えると、健康食品のルーツも日頃の食事や生活こそが重要であるといった金言を含むものです。医薬品になるべく依存せず、健康を自ら創っていくという気概が大切だということでしょう。

西洋から取り入れた食生活と食事バランス

●1日に何をどれだけ食べればよいか

健康食品を語るうえで欠かせないのは、食生活と食事バランスです。日頃からバランスのとれた食事をきちんと食べていれば、健康食品は不要なのかもしれません。

日本では食事バランスを説明する資料として、「食事バランスガイド」が広く使われています（**図表1―1**）。これは、2005年に厚生労働省と農林水産省が共同で策定したもので、1日に「何を」「どれだけ」食べればよいかの目安を示しています。

アメリカにも食事バランスガイドがあります。「Dietary Guidelines for Americans, 2020-2025」というガイドラインでは、「さまざまな果物、野菜、穀物、乳製品または強化大豆、たんぱく質食品を食べることが重要です」「何十年にもわたる確固たる科学に基づいたMy Plate（食事を乗せたお盆）のアドバイスは、日常的にも長期的にも役立ちます」など、食事の摂取バランスをエビデンスに基づいて提言しています（**図表1―2**）。

しかも、ただバランスよく食べることだけではなく、「低脂肪または無脂肪の牛乳、ヨーグルト（または無乳糖の乳製品や強化大豆）を選ぶ」「砂糖、飽和脂肪、ナトリウムの添加量が少ない食品や飲料を選ぶ」といったように、明確で実行しやすいアドバイスをしています。最新のエビデンスに基づいて、こまめに内容をアップデートしているところがアメリカのガイドラインのよいところです。

図表1-1■食事バランスガイド

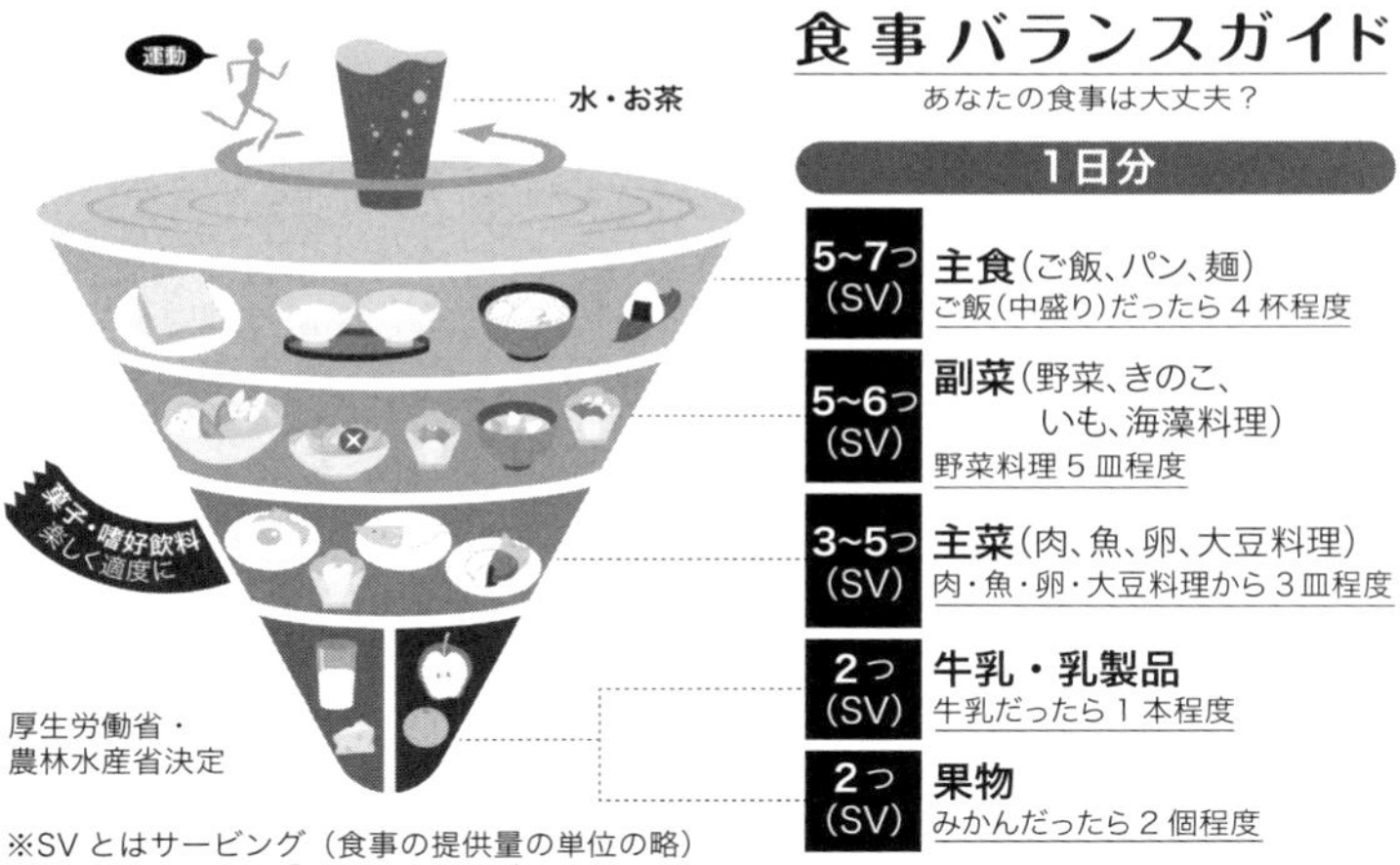

※SVとはサービング（食事の提供量の単位の略）
出典：農林水産省「『食事バランスガイド』について」

図表1-2■アメリカの食事バランスに関するガイドライン

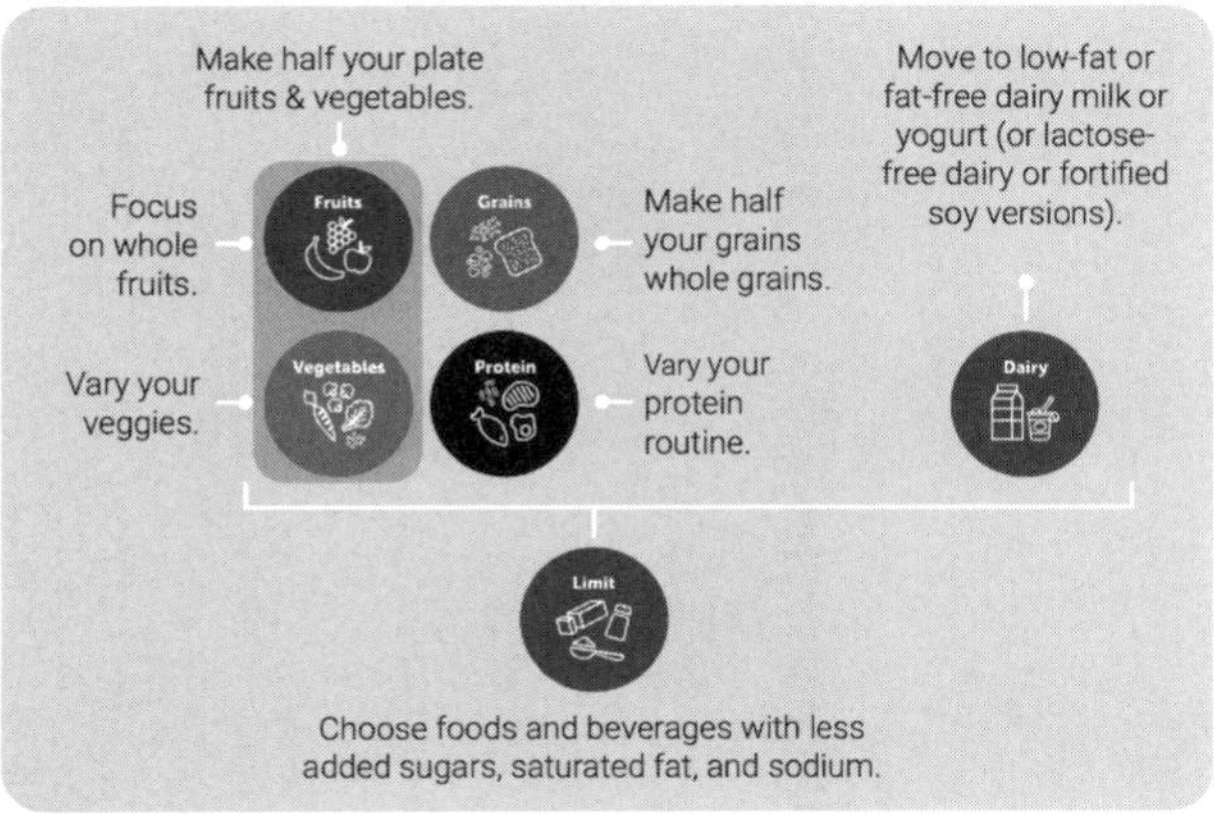

出典：U.S. Department of Agriculture (USDA) and U.S. Department of Health and Human Services (HHS)「Dietary Guidelines for Americans, 2020-2025」

●中国最古の医学書『黄帝内経《こうていだいけい》』の格言

食事バランスを整えようという考え方は、西洋に限ったことではありません。東洋医学においても食事バランスを非常に重んじています。中国最古の医学書とされる『黄帝内経』では次の格言が記されています。

「五穀為養、五果為助、五畜為益、五菜為充、気味合而服之、以補益精気」

（五穀は体を養う、果物は体の働きを助ける、肉類は体を補う、野菜は体を充実させる。これら食材と香り、味をバランスよくあわせて食べれば、精気を補い強められる）

1000年以上前から現代まで、古今東西、エビデンスの有無を問わず、食事バランスの重要性は語り継がれてきました。**食事バランスは食と健康における黄金律とも言えるものなのです。**

健康食品の詐称広告と取り締まり

●健康食品の普及・拡大

さて、健康食品の源流に食生活が基盤としてあることがわかりました。日本では高度経済成長とともに食生活の西洋化が進み、栄養学的なエビデンスが見いだされるようになった一方、栄養素の不足や食事バランスの偏りが問題視されるようになりました。「食物繊維が不足しているので、食物繊維が含まれる食品を食べましょう」「丈夫な骨を作るためにカルシウムを摂取しましょう」など、普段の食生活だけで補えない栄養素を補うために健康食品が必要とされるようになったのです。そして、もともとは食品に由来する栄養素を多く含むもの、栄養素を強化したものが健康食品として派生し、日常生活に浸透していきました。

しかし、ここで新たな問題が発生します。健康食品を宣伝・販売する際に、「○○は健康のためにいい」といった表現をどこまで謳ってもいいのかという問題です。

●虚偽広告の増加を背景に法規制がスタート

医薬品は、人体に有益な作用を及ぼすことを証明して、国に承認されて初めて効能効果を謳うことができます。しかしながら、健康食品は特に許可もなく、裏付けされたデータもないまま、「新陳代謝を盛んにして生命力を高める」「やせてスッキリ、便秘も解消」「成人病、慢性病、がん予防に効果」「背が思いのままに伸ばせる」などといった広告が見られる状況になりました。

副作用と思われる健康被害があった場合でも、「好転反応です」「効果が表れている証拠ですので、安心してお飲みください」などと言い、安全性に問題があったり、適切な管理がなされていない商品が増えていったのです。

こうした状況を鑑み、健康食品に対する法規制がスタートします。現在では健康食品の法規制はとても厳しく、関連する法規は多岐にわたります。**景品表示法に違反して措置命令が出される商品のなかでも、健康食品が占める割合は高くなっています。**

国が規制せざるを得ない状況を作り出したのは、虚偽広告を使って商品を販売してきた一部の健康食品メーカーです。自業自得と言われても仕方がないのかもしれません。

医薬品と食品の違いを決めた「46通知」

●「薬機法」による医薬品の定義

ここで食品の定義に立ち戻ってみます。食品の定義は「食品衛生法」で次のように定められています。

「食品とは、全ての飲食物をいう。ただし、医薬品、医療機器等の品質、有効性及び安全性の確保等に関する法律に規定する医薬品、医薬部外品及び再生医療等製品は、これを含まない」

口に入れるものは、医薬品（医薬部外品を含む）と食品に大きく分けることができ、この法規制の境界線を「食薬区分」と言います（再生医療等製品とは、遺伝子治療を目的として細胞に導入して使用するものなどを指しますが、一般的に使用されることはないので、本書では説明を割愛します）。ここで、健康食品の広告規制に大きな影響を与えている「薬事法」が登場します。

この法律は第二次世界大戦中の１９４３年に初めて制定されたのち、１９４８年（旧々薬事法）と１９６０年（旧薬事法）に全面改正され、２０１３年には「医薬品、医療機器等の品質、有効性及び安全性の確保等に関する法律（通称：医薬品医療機器等法または薬機法、本書では薬機法と表記）」に名称変更されました。薬事法という名称で70年以上運用されてきたため、現在でも薬事法という表記が使われるケースがあります。

薬機法が重要な理由は、医薬品とは何か定義されていることです。具体的には次のように規定されています（一部省略）。

一　日本薬局方に収められている物

二　人又は動物の疾病の診断、治療又は予防に使用されることが目的とされている物であつて、機械器具等でないもの（医薬部外品及び再生医療等製品を除く。）

三　人又は動物の身体の構造又は機能に影響を及ぼすことが目的とされている物であつて、機械器具等でないもの（医薬部外品、化粧品及び再生医療等製品を除く。）

注目したいのは、二番の「疾病の診断、治療又は予防に使用されることが目的とされている」と三番の「身体の構造又は機能に影響を及ぼすことが目的とされている」です。この詳細は薬事法では規定されていませんでした。

●広告規制の分水嶺となった「46通知」

医薬品の定義が曖昧だと、取り締まりが難しくなります。人によって解釈が変わってしまい、「薬事法の規定する医薬品には該当しない」という逃げ道が生まれるからです。そのため、昭和中期から後期（昭和40年代）にかけては、医薬品と紛らわしい健康食品（形状や効果効能、用法用量などから判断して医薬品とみなされるべき食品）が販売されている事例が多く見受けられました。

そのような状況を鑑みて、厚生省（現・厚生労働省）は1971年に「無承認無許可医薬品の指導取締りについて（通称：46通知）」を発出し、薬事法の規定を補完することで、医薬品と誤認される食品に対する指導、取り締りを強化しました。

ここが日本の健康食品の広告規制における分水嶺で、46通知はいまなお改正を続けなが

ら広告規制で重要な位置付けを担っています。ポイントは46通知の別紙という扱いで「医薬品の範囲に関する基準」が定められたことです。この基準では、健康食品に関して次のような記述があります（一部省略）。

「昨今、その本質、形状、表示された効能効果、用法用量等から判断して医薬品とみなされるべき物が、食品の名目のもとに製造販売されている事例が少なからずみうけられている」

「一般人の間に存在する医薬品及び食品に対する概念を崩壊させ、医薬品の正しい使用が損われ、ひいては、医薬品に対する不信感を生じさせる、（中略）高貴な成分を配合しているかのごとく、あるいは特殊な方法により製造したかのごとく表示広告して、高価な価格を設定し、一般消費者に不当な経済的負担を負わせる」

このように、健康食品が医薬品の風貌を呈して消費者を騙していることを看過できないと、強い姿勢で指摘しました。

健康食品マーケティング1・0とは?

薬機法で新たに設けられた医薬品の基準をまとめると、**図表1−3**のようになります。この基準に沿って、健康食品でも医薬品に該当する成分を含む商品や、「高血圧を治す」「がんを根治させる」といった表示をする商品については、「未承認医薬品扱い」として取り締まることができるようになったのです。

健康食品に関する法規制は、46通知を契機として大きな一歩を踏み出しました。そして、**私は健康食品の誕生から46通知による規制の始まりまでを含めた昭和時代を「健康食品マーケティング1・0」と呼んでいます。**

1・0時代に起こった大きな出来事は、食品と健康を結びつける「健康食品」という新たなカテゴリーが誕生したこと、そして、その広告が医薬品的な内容を多く含むようになってしまい、食品と医薬品を明確に区別する法規制が導入されたことです。

図表1-3■46通知で新たに設けられた医薬品の基準

①物の成分本質（原材料）	医薬品に当たる成分が入っている場合には、医薬品とみなす
②医薬品的な効能効果	本来、医薬品として表示するはずの効果や効能を記載した商品は医薬品とみなす
③医薬品的な形状	アンプル形状など通常食品として流通されるものではなく、医薬品として使用される形状の商品は医薬品とみなす
④用法用量	服用時期、服用間隔、服用量などの詳細な用法用量を記載した商品は医薬品とみなす（ただし、後述する機能性表示食品などは除く）

健康食品マーケティング2・0の幕開け
――保健機能食品の導入

●病気の予防に対する社会的関心の高まり

46通知による広告規制が日本の健康食品の流れを変えました。そして、昭和から平成に時代が変わるタイミングで新たな転機が訪れます。

それまでの食品の価値は、「栄養」や「おいしさ」という尺度で評価されてきましたが、1980年代に入ると、**高齢者の増加や生活習慣病などが社会問題として取り上げられるようになり、毎日の食生活を通じて、さまざまな病気を予防したいという機運が高まります。**そして、病気の予防に寄与する食品を対象とした研究が活発に行われるようになりました。医食同源の流れを汲む影響が、ここで科学と手を組むわけです。

●特定保健用食品（トクホ）の誕生

1984年から1986年にかけて実施された文部省（現・文部科学省）の特定研究「食

品機能の系統的解析と展開」では、食品が持つ機能を解析し、栄養機能（炭水化物やたんぱく質など）を一次機能、感覚機能（味や匂い、食感など）を二次機能、さらに生体調節機能を三次機能としました。このうち、三次機能を備えた食品を「機能性食品」と定義しました。食品が持つ三次機能としては、①体調リズムの調節、②生体防御、③疾病予防、④疾病回復、⑤老化防止——の5つが挙げられています。

機能性食品は1985年発行の『厚生白書（昭和63年版）』（厚生省）において、「食品成分のもつ生体防御、体調リズム調節、疾病の防止と回復等に係る体調調節機能を、生体に対して十分に発現できるように設計し、加工された食品」と定められています。機能性表示食品や特定保健用食品（トクホ）などの前身が、機能性食品というわけです。

1989年からは機能性食品の制度化に関して検討が進められるようになり、1991年9月に「特定保健用食品制度」が誕生します。**機能性を謳うことが許可された食品が日本で初めて販売できるようになったのです。**

これが「健康食品マーケティング2・0」時代の始まりです。すなわち、国が食品の機能性を認める時代に突入していきます。トクホから遅れること10年、2001年には「栄養機能食品制度」が導入され、食品の機能性制度の礎ができました。しかしながら、トクホや栄養機能食品ができて、万事うまくいったかというと、そうではありません。

特定保健用食品と栄養機能食品が抱える課題

●トクホの申請数が伸びなかった理由

トクホの第1号が承認されたのは、制度導入から2年経った1993年のことでした。この事実は制度のハードルの高さを表しており、トクホがその後も抱えることになる、商品数が伸びないという課題を暗示しています。

トクホ申請にかかる費用・期間に関して、興味深いデータがあります（**図表1－4**）。これはトクホ申請を行った企業へのアンケート結果（2009年実施）をまとめたもので、**3分の1以上の企業がトクホ申請のヒト試験のために4000万円以上の費用をかけた**ことが明らかになっています。さらに、開発開始から販売開始までに5年以上かかった企業

図表1-4■特定保健用食品（トクホ）の申請にかかる費用と期間

開発開始から販売までの期間（複数の許可品目がある場合は、平均期間）

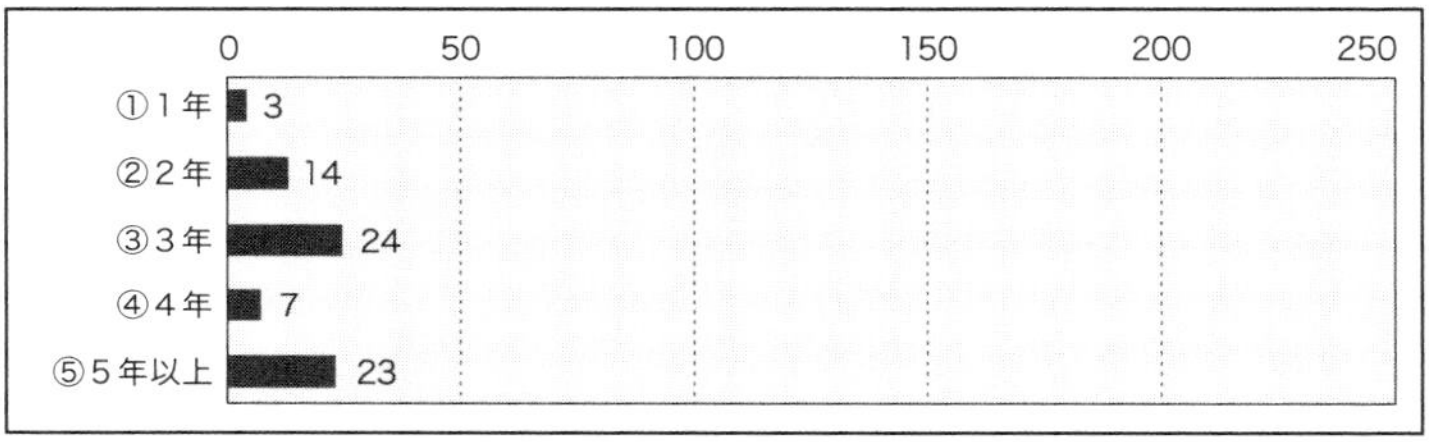

ヒト試験に使用した費用（複数の許可品目がある場合は、平均金額）

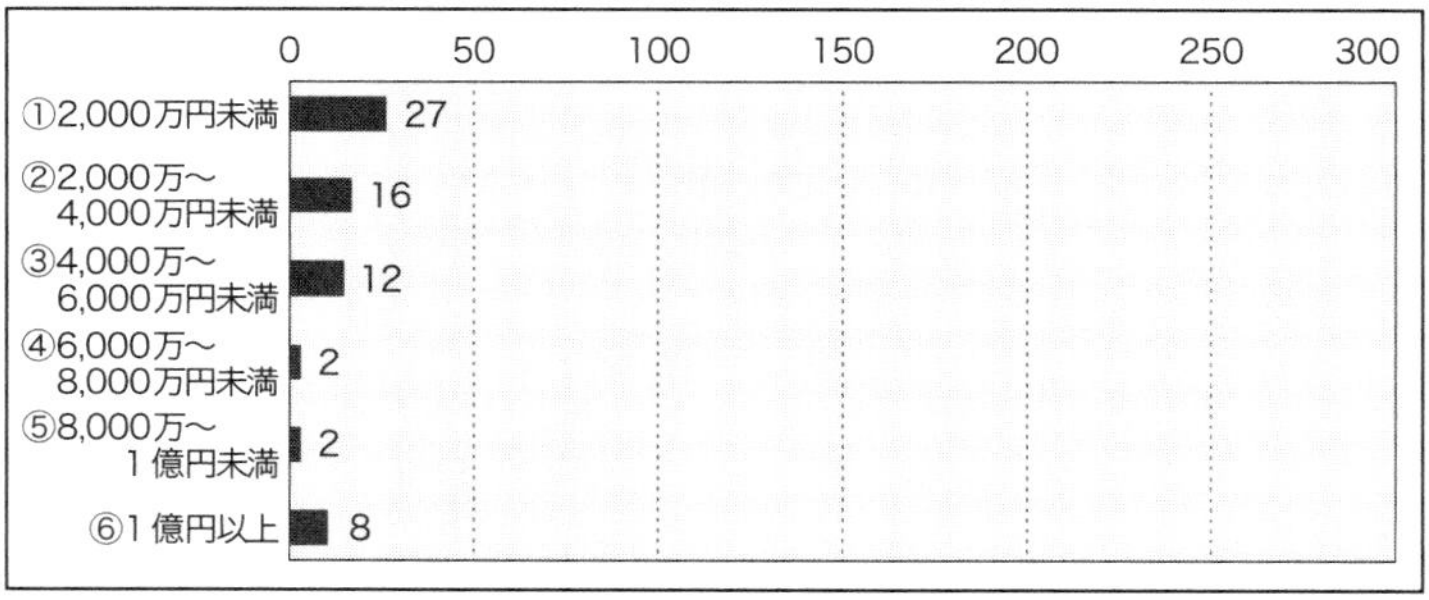

ヒト試験以外の安全性と有効性試験に使用した費用（複数の許可品目がある場合は、平均金額）

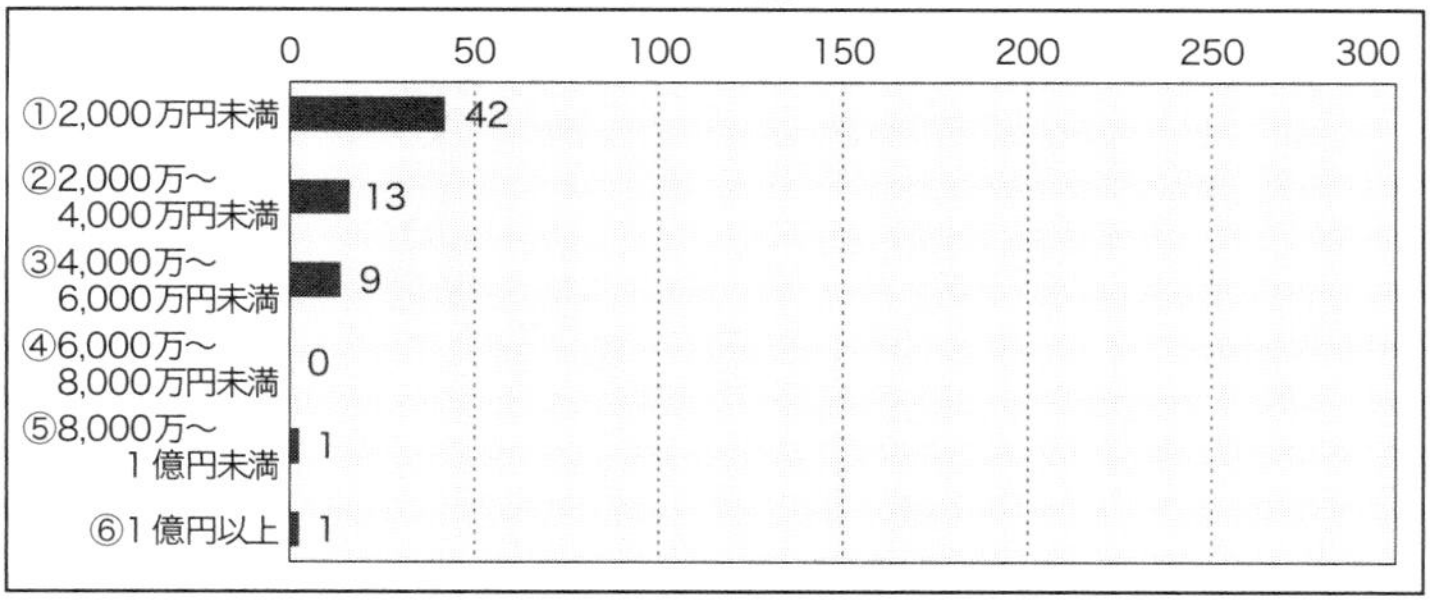

出典：財団法人医療経済研究・社会保険福祉協会食品機能と健康ビジョン研究会「『食品機能と健康』に関するアンケート報告書（平成21年11月）」

が3割を超えるなど、トクホ申請のハードルの高さが浮き彫りになっています。

トクホは、血圧低下や体脂肪減少などさまざまな機能を謳うことができ、自由度の高い制度だと言えます。しかし、申請までにかかる費用が高額で、申請手順も複雑なため、そのことが多くの企業に申請を断念させたとしても何ら不思議ではありません（**図表1―5**）。

一方、栄養機能食品は栄養成分（ビタミン、ミネラルなど）が一定量入っていれば、国への申請や届出なしに事業者の責任において機能を表示することができます。その代わり、国が定めた表現でしか機能を表示することができないというデメリットがあります（一言一句守る必要があります）。

●法規制という新たな逆風

また、2002年には健康増進法が制定され、2003年には景品表示法の「不実証広告規制」が導入されるなど、健康食品業界に新たな逆風が吹きます。薬事法だけでなく、新たな法規制が加わったことで、業界全体が踊り場に入り込み、出口を模索することになります。

結局のところ、トクホは申請のハードルが高過ぎたために、多くの企業はトクホを選べ

図表1-5■特定保健用食品（トクホ）の許可申請フローチャート

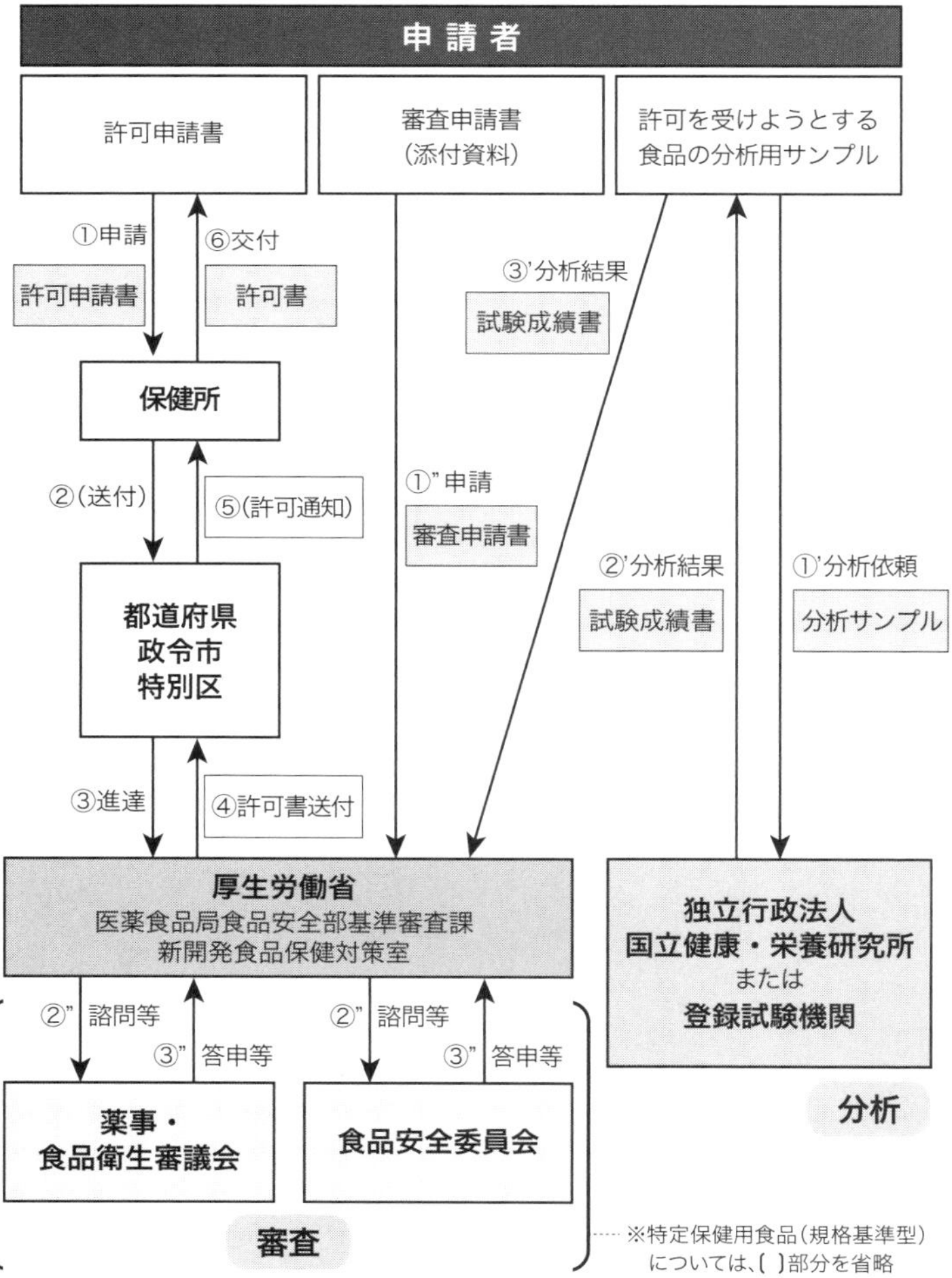

出典：厚生労働省「特定保健用食品の申請手続きについて」

ませんでした。そのため、機能性を謳うことが許されていない「いわゆる健康食品」が、多くのシェアを保ったまま推移していきます。

そこで、**厳しい広告規制に抵触しないように法律でNGと定められていないような表現（グレーゾーン）を模索しながら、いわゆる健康食品の販売を続けました。**たとえば、血流改善の代わりに「血液サラサラ」、便秘改善の代わりに「どっさり、スッキリ」、目の機能改善の代わりに「視界くっきり」などです。直接的な表現ではなく、比喩や様子を表す擬態語が使われ、機能を連想させるような広告が増えました。

そこから先は、多数の措置命令を受けながらも、大きな変動がないまま平成の時代を乗り越えていくことになります。これが健康食品マーケティング2・0時代の全体像です。

健康食品マーケティング3・0への進化
——機能性表示食品の誕生

2・0時代は、食品の機能性が初めて認められた一方、広告規制が強化されることになりました。しかしながら、健康食品市場におけるシェアは大きく変わることはなく、トクホや栄養機能食品よりも、いわゆる健康食品がいまだ大部分を占めていました。「国が認めている保健機能食品だけが健康食品である」といった認識は、事業者も消費者もほとんど持っていなかったと言ってよいでしょう。そして、保健機能食品が誕生してから10年ほど経った頃、食品の機能性に対する規制緩和が新しい局面へ向けて動き始めます。

２０１２年に発足した第二次安倍内閣は、経済政策として掲げた「アベノミクス」の第三の矢である「規制緩和等による成長戦略」の一環として、「健康食品の機能性表示を解禁する」ことを表明しました。その後、有識者による検討が重ねられ、**２０１５年４月に新たな保健機能食品として「機能性表示食品」が誕生したのです。**

機能性表示食品が表示できる範囲は、疾病軽減リスクを除けば、基本的にトクホと変わりません。しかし、実際にはトクホ領域では許可されていなかった目や肌、筋肉の健康維持、さらには認知機能やアレルギー領域など、多様な機能が謳えるようになったのです。

健康食品の市場はリサーチ会社によって免疫賦活作用や抗血糖、抗血圧といった機能・

働きごとのカテゴリーに分けられ、調査が行われてきました。しかし、3・0時代になるまでは、厳密には、そのような機能を謳うことは保健機能食品以外には許されていないので、調査にあたり便宜上カテゴリーごとに分類したものだったはずです。いわゆる健康食品が、「血圧にいい食品です」「免疫賦活作用がある健康食品です」などと広告していたとしたら、景品表示法や薬機法違反になるからです。

要するに、機能性表示食品の誕生により、健康食品の主力が保健機能食品へと移り変わることで、ようやく機能別のマーケットが、法的に根拠のある商品の市場として生まれ変わることになったのです。

この時点で初めて食品の機能性表示が広く一般化されたと言ってもよいでしょう。ここから、健康食品マーケティング3・0時代が始まります。そして、元号も令和へと変わり、健康食品業界にそれまでにない変化の波が押し寄せることになります。

PART 2

健康食品マーケティング3.0時代の制度を理解する

健康食品マーケティング3・0時代の制度概要

●健康増進法が定める健康保持増進効果とは

さて、健康食品マーケティング3・0について知るために、まずは制度全体を理解しなければなりませんが、その前に健康食品の定義を再確認しておきましょう。

健康食品には法律としての定義がないことはPART1でお伝えしました。健康食品に関するガイドライン「健康食品に関する景品表示法及び健康増進法上の留意事項について」では、次のように定義されています。

「健康増進法に定める健康保持増進効果等を表示して食品として販売に供する物を『健康食品』という」

これは、その食品に機能があるか、有効であるかを問わず、健康の保持増進効果を謳っている食品はすべて健康食品とみなすということです。行政サイドが取り締まる際には、その商品が健康にいいかどうかは問題ではなく、健康にいい食品だと謳っているかが問題になるため、このように定義されています。健康の保持増進効果については、**図表2－1**にまとめました。

一方、厚生労働省では「定義はない」と言っていますし、一般的には「健康志向食品」「健康関連食品」といった言葉も使われているため、混乱してしまいます。

健康食品の定義については、健康食品全般を取り巻く法規制が複雑である背景も関係しているため、法律の観点を踏まえてもう一度整理をすると、次のようになります。

- **薬機法：健康食品の定義はない。食品であったとしても、医薬品的な効能効果を謳う場合などは、医薬品に該当するとみなされる**
- **健康増進法：健康保持増進効果等を表示して食品として販売に供する物を「健康食品」とする。健康食品のうち、保健機能食品以外をいわゆる健康食品という**

このように健康増進法の定義では、健康に関する表示をしていない商品はただの食品ということになってしまい、表示の有無だけが判断基準になっています。そこで本書では、法規での定義と理解しやすさを踏まえて、「健康食品」を広い意味で取り扱うこととします。

図表2-1■「健康の保持増進効果等」とは

健康増進法では下記の事項について、虚偽誇大広告などを行うことは禁止されています。

		健康の保持増進効果等	表示例
①健康の保持増進効果	①	疾病の治療又は予防を目的とする効果※1	「糖尿病、高血圧症、動脈硬化の人に」「がんが治る」「便秘改善」
	②	身体の組織機能の一般的増強、増進を主たる目的とする効果※1	「疲労回復」「体力増強」「老化防止」「食欲増進」
	③	特定の保健の用途に適する旨の効果※2	「本品はお腹の調子を整えます」「コレステロールの吸収を抑える」
	④	栄養成分の効果※3	「カルシウムは、骨や歯の形成に必要な栄養素です」
②内閣府令で定める事項	⑤	人の身体を美化し、魅力を増し、容ぼうを変え、又は皮膚若しくは毛髪をすこやかに保つことに資する効果	「美肌、美白効果が得られます」「皮膚にうるおいを与えます」
	⑥	含有する食品又は成分の量	「カルシウム○○mg配合」「大豆○○g含む」
	⑦	特定の食品又は成分を含有する旨	「プロポリス含有」「○○抽出エキス使用」
	⑧	熱量	「カロリー○○オフ」
③暗示的又は間接的に表現（上記①②の効果を）	⑨	名称又はキャッチフレーズにより表示するもの	「ほね元気」「血糖下降茶」「血液サラサラ」
	⑩	含有成分の表示及び説明により表示するもの	「○○は関節部分の軟骨の再生・再形成を促し、中高年の方々の関節ケアに最適です」
	⑪	起源、由来等の説明により表示するもの	「○○という古い自然科学書を読むと××は肥満を防止し、消化を助けるとある」
	⑫	新聞・雑誌等の記事、医師、学者等の談話やアンケート結果、学説、体験談等を引用又は掲載することにより表示するもの	「○○％の医師が○○製品の利用をオススメすると回答」
	⑬	医療・薬事・栄養等、国民の健康の増進に関連する事務を所管する行政機関（外国政府機関を含む）や研究機関等により、効果等に関して認められている旨を表示するもの	「○○認可」「○○研究所推薦」

※1　医薬品的な効果効能に相当するため、医薬品としての承認を受けない限り表示することができない。
※2　消費者長官の許可が必要。
※3　容器包装への表示は食品表示基準に基づいて行うことが必要。
出典：兵庫県健康福祉部健康局健康増進課「知っていますか？　食品の虚偽誇大広告等の禁止」

厚生労働省と健康増進法の定義を拡張して**「健康の維持・増進に役立つことを謳う、あるいは健康保持増進効果等を表示して販売する、あるいはそのような効果を期待して摂られている食品全般」**と解釈すれば、理解が早いでしょう。

●健康食品の分類

健康食品を含めた食品の分類を**図表2―2**に示しました。最も大きい括りとして、まず食品と医薬品（と医薬部外品と再生医療等製品）に分類されます。

次に健康食品については、機能性を表示できるかどうかで分けることができ、機能性を表示できる保健機能食品には、「特

図表2-2■食品の分類

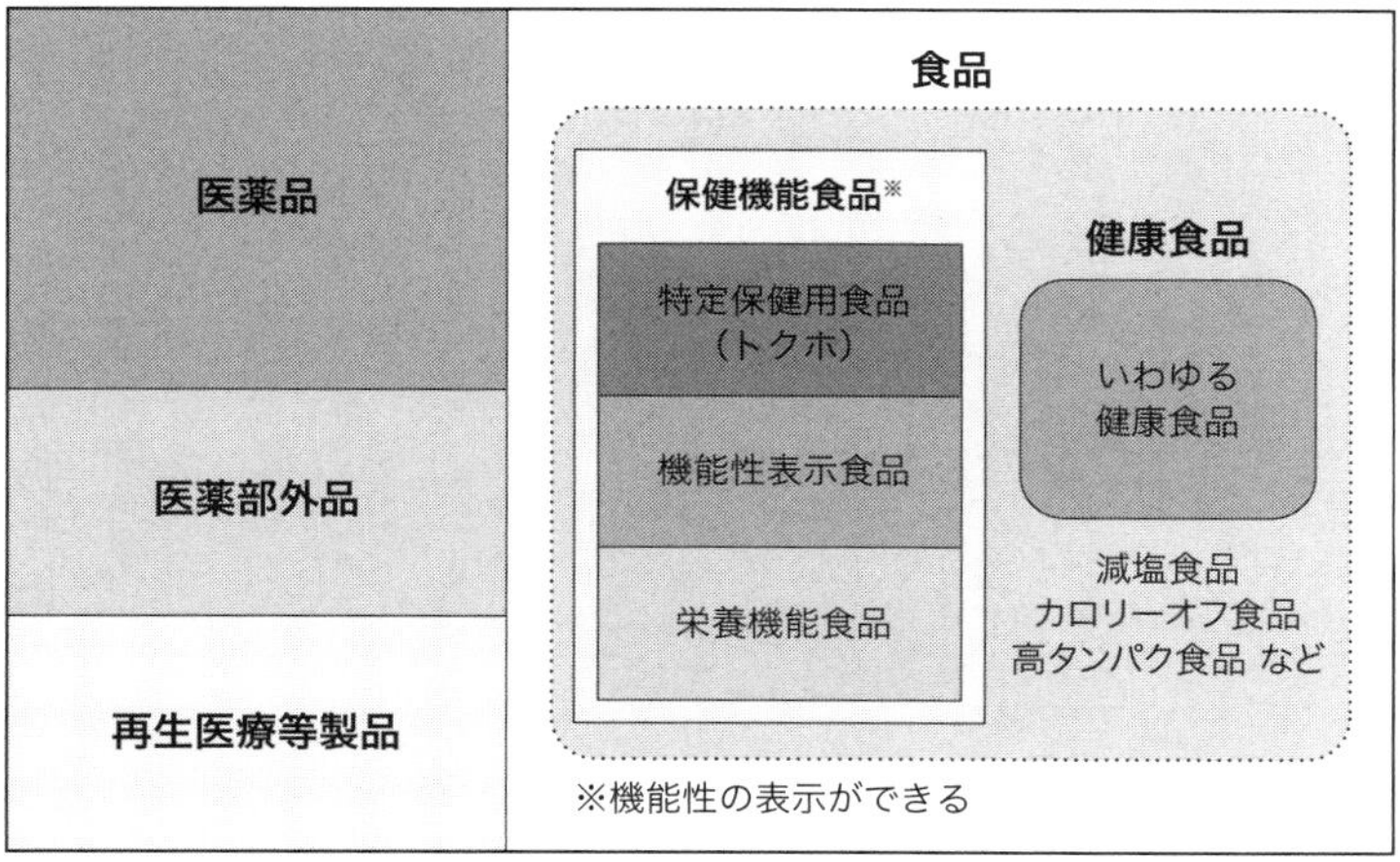

定保健用食品（トクホ）」「機能性表示食品」「栄養機能食品」の3つがあります。機能を謳えない健康食品には、いわゆる健康食品や減塩食品、カロリーオフ食品などが含まれ、健康食品マーケティング3・0時代の全体像ができ上がりました。

●「いわゆる健康食品」で使える表現は非常に限定的

ここからは、健康食品マーケティング3・0でできることを順番に見ていきます。2・0と3・0はまったく別物であると考えてください。3・0時代は取り締まりが厳しく、2・0時代で多用されていた広告手法は使用できないものがほとんどです。エビデンスがない食品が機能性を謳うことは許されず、エビデンス格差が急速に拡大したのです。

機能性が謳えない食品の代表格が「いわゆる健康食品」です。**保健機能食品以外の健康食品では、機能性や医薬品的な効能効果と見なされる表現はすべてNGとされ、あくまで一般論として機能に結びつかない表現のみに限定されます。**わずかですが、法規上OKとされている表現を示しておきます。

・栄養補給を目的とした表現（例：働き盛りの方の栄養補給に、発育時の栄養補給に、ス

ポーツする方の栄養源に）

・健康維持・美容を目的とした表現（○○［栄養成分］は健康維持に役立つ成分です。美容のためにお召し上がりください）

●「いわゆる健康食品」はイメージ広告が主流に

これらを除いた表現については、法律上ＯＫというものはほとんどありません（この状況を踏まえた健康食品の広告戦略はＰＡＲＴ５で解説します）。

健康食品の広告規制は機能性表示食品ができる前と後で大きな違いはありません。このような表現しか許されていないなかで健康食品業界が成立してきたことが驚きです。法律上ＯＫな表現がないことから、ＮＧ広告に当たらないようにイメージ広告が主流となってしまったのは皮肉な結果だと言えるでしょう。

そもそも、一般の方のほとんどはこのようなルールが定められていることさえ知らないはずです。健康食品のイメージ広告を見て、具体的な機能は書かれていないけれど、何らかの効果を期待して購入している人も多いのではないでしょうか。

機能性表示食品の導入によって、血圧、血糖、肌、関節など、「何に対して」「どのように」有効かが明確に示せるようになったことは、事業者だけでなく、消費者にとってもメリットがあります。商品選択が容易になり、好ましい結果をもたらしたと言えるでしょう。

機能性表示食品のメリットとデメリット

●機能性表示食品は事前届出制度

機能性表示食品の特徴として、「事前届出制度」が挙げられます。国が承認する制度ではないものの、販売前に書類を消費者庁に提出し、書類に不備がある場合は差し戻しを受けます。不備がある書類とは、誤字・脱字などのケアレスミスはもちろん、機能性表示食品の基準を満たしていないと判断される書類についても差し戻しを受けます。

「それって、承認制度と何が違うの？」という疑問が浮かぶかも知れません。**事前届出制度とは国が有効性や安全性を認めたわけではなく、あくまで「事業者が自己責任で機能性を謳い、行政は書類上の不備がないと判断した」という位置付けになります。**なお、ほかの保健機能食品では、トクホは承認制度、栄養機能食品は規格基準を満たせば届出不要となっています。

機能性表示食品には、どのようなメリットやデメリットがあるのでしょうか。**図表2−3**に要点をまとめました。

このように機能性表示食品は、トクホや栄養機能食品よりも使い勝手がよく、健康食品のなかで最も市場が伸びていることも納得がいきます。保健機能食品以外の健康食品では享受できない、機能性を謳えるというメリットがあるからこそ、3・0時代の中心的存在になっているのです。

図表2-3■機能性表示食品のメリット・デメリット

メリット	デメリット
● トクホと比べて取り組みやすい（費用面、期間面ともに）	● 届出資料の準備に一定の期間・費用を要する
● トクホと同等の機能性が表示できる（疾病リスク低減以外）。機能性表示食品のみで表示できるものも多い	● 不確実性がある（届出が受理されない可能性がある）
● 栄養機能食品と比べて表示できる内容が幅広く、自由度が高い	● ビタミン、ミネラルなど栄養機能食品に使用される成分が使えない
● いわゆる健康食品では規制対象となる表示が可能となる	● 「トクホ」といった通称がなく、名前が覚えにくい

●明確な基準が生まれ、取り締まりも容易に

機能性表示食品は制度導入から数年間で日本の健康食品のメインストリームに躍り出ました。コンビニエンスストアや自販機でもよく見かけるようになりましたが、何でも表示できる夢のような制度ではありません。むしろ、明確な基準が生まれ、行政の管理下に入ったことで、いわゆる健康食品ではできていたことが、できなくなってしまったというケースはあります。

いわゆる健康食品は登録・届出制度ではないため、製品の種類や数、成分の含有量、広告内容について、行政サイドがすべてを把握することは実質不可能です。一方、機能性表示食品は事前届出制度であるため、すべてを管理することが可能で、一定基準を満たしていない食品は販売されず、製品数を把握していることから、広告の取り締まりも容易になります。

粗悪な健康食品が世に出回らないようにするためには、健康食品に占める機能性表示食品の割合を高くして、行政の目の届く範囲に置いておくことが望ましいのです。

機能性表示食品でできること、できないこと（表示編）

●機能性表示食品で表示できる範囲

「制度の要点はわかった。結局のところ、機能性表示食品で何ができるの？」といった疑問が出てくる頃だと思います。早速、機能性表示食品でできることを「表示」と「成分」の2つの観点から見ていきましょう。

機能性表示食品が表示できる範囲は、次のように定められています。

①容易に測定可能な体調の指標の維持に適する、または改善に役立つ旨
②身体の生理機能、組織機能の良好な維持に適する、または改善に役立つ旨
③身体の状態を本人が自覚でき、一時的な体調の変化（継続的、慢性的でないもの）の改善に役立つ旨

①〜③をクリアしていなければ、機能性を表示することはできません。機能性表示食品において、この基準に則って表示できるか否かを見極めることは非常に重要で、マーケテ

ィングにおいても消費者への訴求力や他社との差別化に直結します。表示できる内容にはさまざまなバリエーションがありますが、次の2つを満たすことが重要で、新しい機能性を考えるうえでは、まずはこの2つに当てはまるかどうかを考えなければなりません。

- 疾病に罹患していない人（正常高値血圧などの境界域の人はOK）を対象とする
- 健康の維持・増進に関する機能性（身体の特定の部位に言及した表現もOK）である

●機能性表示食品で表示できない範囲

一方、機能性表示食品が表示できない範囲は、次のように定められています。

①疾病の治療効果または予防効果を暗示する表現
②健康の維持および増進の範囲を超えた、意図的な健康の増強を標榜するものと認められる表現
③科学的根拠に基づき説明されていない機能性に関する表現

表示できる範囲、表示できない範囲の具体例は、**図表2-4**に挙げました。

このように機能性表示食品を含めた健康食品全体で、「医薬品的な効能効果」「健康の増

図表2-4■機能性表示食品で表示できる範囲の具体例

血圧の低下

○ **「血圧が高めの方の血圧を低下する機能が報告されています」**

→「血圧が高めで疾病に罹患していない人」を対象として、「血圧の維持・増進に関する機能性」を謳っているのでOK

× **「高血圧の方の血圧を低下する機能が報告されています」**

→「血圧に関する疾病に罹患している人」を対象としているのでNG。「高血圧」は疾病扱いとなり、「血圧が高めな方」は健常な範囲とみなされます

肌の健康維持

○ **「肌のうるおいを守ることで肌の健康維持に役立つことが報告されています」**

→「疾病に罹患していない健康な人」を対象として、「肌の健康維持・増進に関する機能性」を謳っているのでOK

× **「肌のうるおいを守り、肌の美容に役立つことが報告されています」**

→「肌の健康の維持・増進に関連しない『美容』に関する表現」のため、謳うことはNG。「肌のうるおい」や「肌の弾力」だけであれば健康維持にかかわるのでOK

認知機能の維持

○ **「加齢によって低下する認知機能の一部である記憶力（見たり聞いたりしたことを思い出す力）を維持する機能が報告されています」**

→「中高年の疾病に罹患していない人」を対象として、「認知機能の健康の維持・増進に関する機能性」を謳っているのでOK

× **「健康な方の記憶力（見たり聞いたりしたことを思い出す力）を向上する機能が報告されています」**

→「認知機能の健康の維持・増進を超えた意図的な増強」を謳っているのでNG

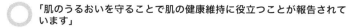

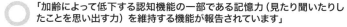

進を超えた増強に当たる表示」は許されません。

なお、表示できない範囲の「③科学的根拠に基づき説明されていない機能性」とは、表示の問題ではなく、エビデンスがない（もしくは不足している）場合を指します。たとえば、「コントラスト感度を正常に保ち視覚機能を維持し、目の疲労感を軽減することが報告されています」（コントラスト感度のみ有効性が認められている）という表示は、「目の疲労感に関する科学的根拠を有していない」ため、目の疲労感を軽減する機能を謳うことがＮＧになります。逆にエビデンスがあれば、目の疲労感の軽減に関しても謳うことができます。

ここまでのまとめとして、表示できる範囲とできない範囲を図式化しました（**図表2―5**）。この図に合致しているかどうかで判断すると、制度とのずれを軽減できるでしょう。

図表 2-5■機能性表示食品で表示できる範囲

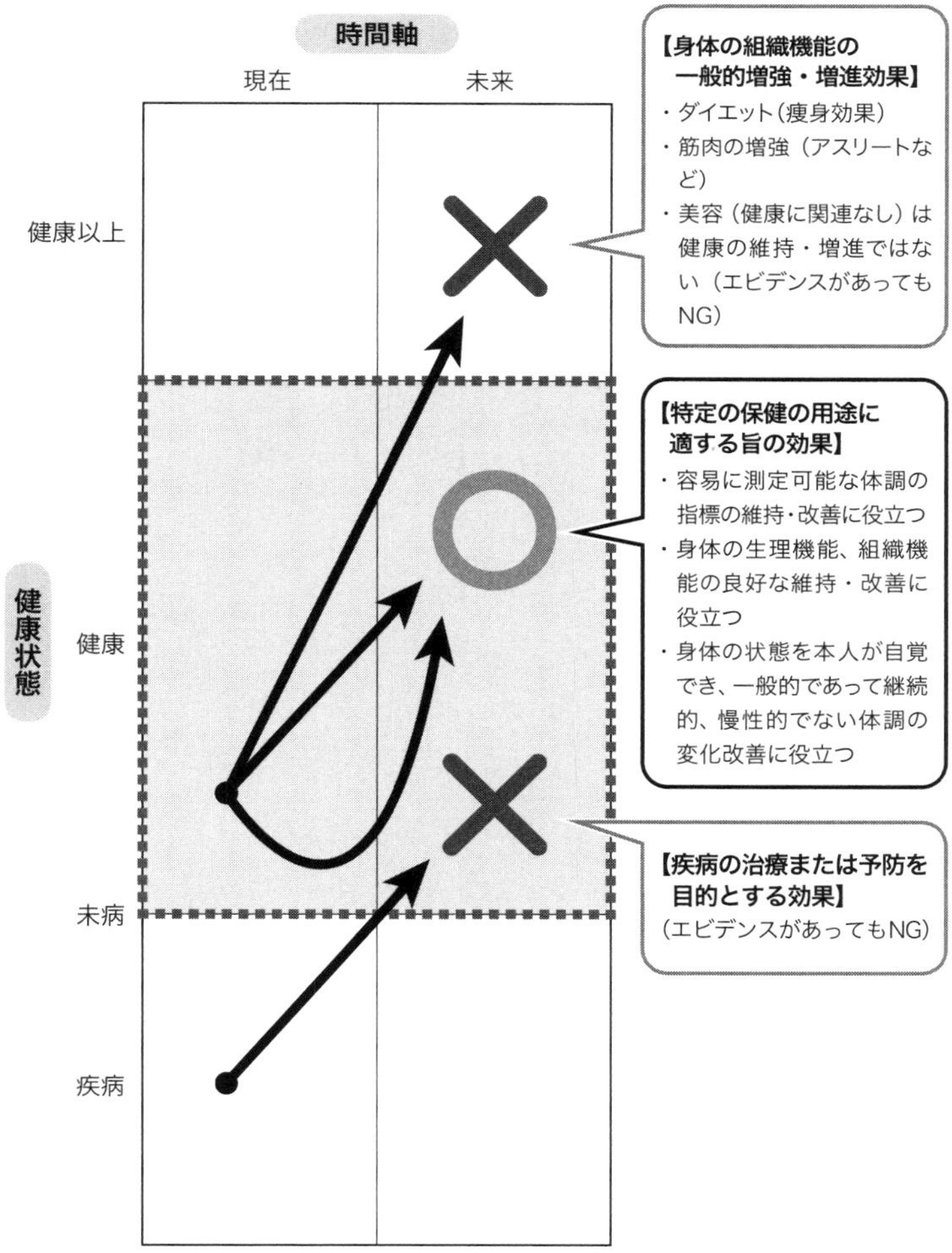

機能性表示食品でできること、できないこと（成分編）

●機能性表示食品で使用できる成分

機能性表示食品で使用できる成分について見ていきましょう。使用できる成分のルールは次の通りです。

「表示しようとする機能性に係る作用機序について、in vitro 試験及び in vivo 試験又は臨床試験（ヒト試験）により考察されているものであり、直接的又は間接的な定性確認及び定量確認が可能な成分である」

一見すると難しく感じますが、要約すると、**①作用機序（どのようなメカニズムで機能性が働いているのか）を説明できること、②成分の定量・定性分析が可能であること――の2つを満たした成分でなければならない**ということです。

それぞれを細かく見ていきましょう。まず、「①作用機序を説明できる」とはどういうことでしょうか。「in vitro 試験」とは、試験管や培養液などのなかで、ヒトや動物などの組織を用いて、生体内と同様の環境を人工的に作り、作用を調べる試験です。次に、動物の個体を用いて作用を調べるのが「in vivo 試験」で、人を対象とするのが臨床試験となります。

通常、作用機序を研究するときは、in vitro 試験で細胞レベルの作用を確認し、有効性が認められたら in vivo 試験に進み、ラットなどの動物で試験を行います。動物でも同様に有効性が見られれば、臨床試験を行うといった流れが多く、試験の費用も同じ順番で上がっていく傾向にあります。

また、大学との共同研究で in vitro 試験、in vivo 試験を行ったのち、臨床試験は外部の臨床試験受託機関（臨床試験の実施を専門的に受託する会社）に外注するケースもよくあります。最近は動物への配慮などもあり、動物試験を実施せずに、ヒト臨床試験を行うケースも増えています。

いずれにせよ、「in vitro 試験及び in vivo 試験」もしくは「臨床試験」の結果から、作用機序が説明できる成分のみが関与成分として使用可能ということが理解できれば、問題ありません。

●定量・定性分析とは何か

続いて、「②成分の定量・定性分析が可能である」について説明します。たとえば、ある食品原料（仮にタンポポ抽出物とします）で血圧低下の有効性が見られたとします。作用機序も、タンポポ抽出物を使った in vitro 試験と in vivo 試験で確認しました。

では、タンポポ抽出物は関与成分として使用できるかと言えば、**定量・定性分析ができなければ、再現性があると判断できません。したがって、関与成分として使用できないのです。**

図表2−6は同じ植物抽出物を使った2つのパターンを示したものです。図の上段のように植物抽出物全体で有効性があったとしても、どのような有効成分が何ミリグラム入っているかがわからなければ、この植物抽出物が常に同等の有効性があるという証拠にはなりません。製造過程で有効成分が変質することもあります。したがって、この植物抽出物には有効成分が一定量含まれているだけに過ぎず、定量分析できたとは言えないのです。つまり、青汁抽出物や酵素抽出物といった名称では、関与成分として使用できません。

一方、同じ植物抽出物の場合でも、図の下段のように定量可能な成分Aに有効性が認められ、製品中にも成分Aが○○mg以上入っているというデータがあれば、定量分析ができた関与成分としてみなすことができます。たとえば、「GABA30mg含有」「DHA1・5g含有」といった形で、成分が「○○mg」「○○g」と定量化できればよいのです。

●定性分析で説明が必要なケース

しかし、成分によっては、定量化ができたとしても、その数値だけでは同等性が担保できない場合があります。たとえば、ポリフェノールにはプロシアニジンなどさまざまな成分が含まれており、植物によって成分の構成や含

図表2-6■関与成分を定量分析する方法

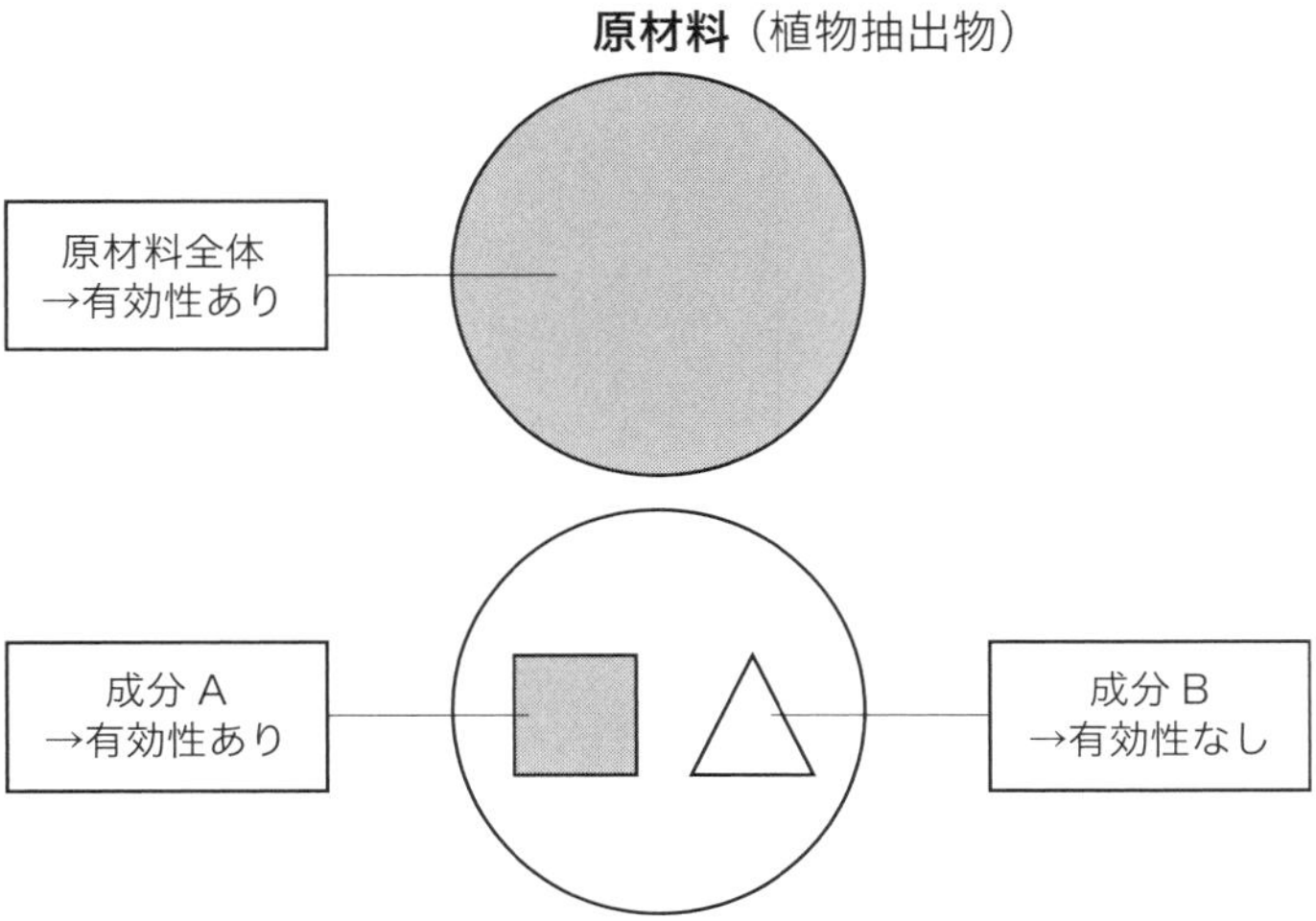

有量が異なります。ポリフェノールの量を定量分析できても、有効成分の実質的な量を示しているかというと、必ずしもそうではない可能性があるのです。

このような場合には、定性分析で説明しなければなりません。**図表2-7**の植物A、B、Xの抽出物3種類には、ポリフェノールが同量含まれていることがわかっています。そこで定性分析をしたところ、植物ごとに含まれる成分が異なることが確認されました。このようなケースでは総ポリフェノールが同量でも、植物AとBとXが同等であるとは言えません。したがって、植物に特有の成分を特定しなければならないのです。

仮に、植物X由来のポリフェノールで届出するとしましょう。その場合、分析結果として、定量分析の総ポリフェノール量に追加して、定性分析を実施して、植物Xに特有の成分1と2が常に含まれていることを説明する必要があります。このようなデータを揃えることで、「成分の定量・定性分析が可能である」と説明がつき、機能性関与成分として使用することができます。

ポリフェノールやアントシアニンなどは定性分析により、どの植物に由来しているか、特有な成分が入っているかを適切に説明できなければ、関与成分として使用することはできません。機能性関与成分として使用できるかどうかは、機能性表示食品の制度上、非常

図表2-7■植物に特有な成分を特定するための定性分析

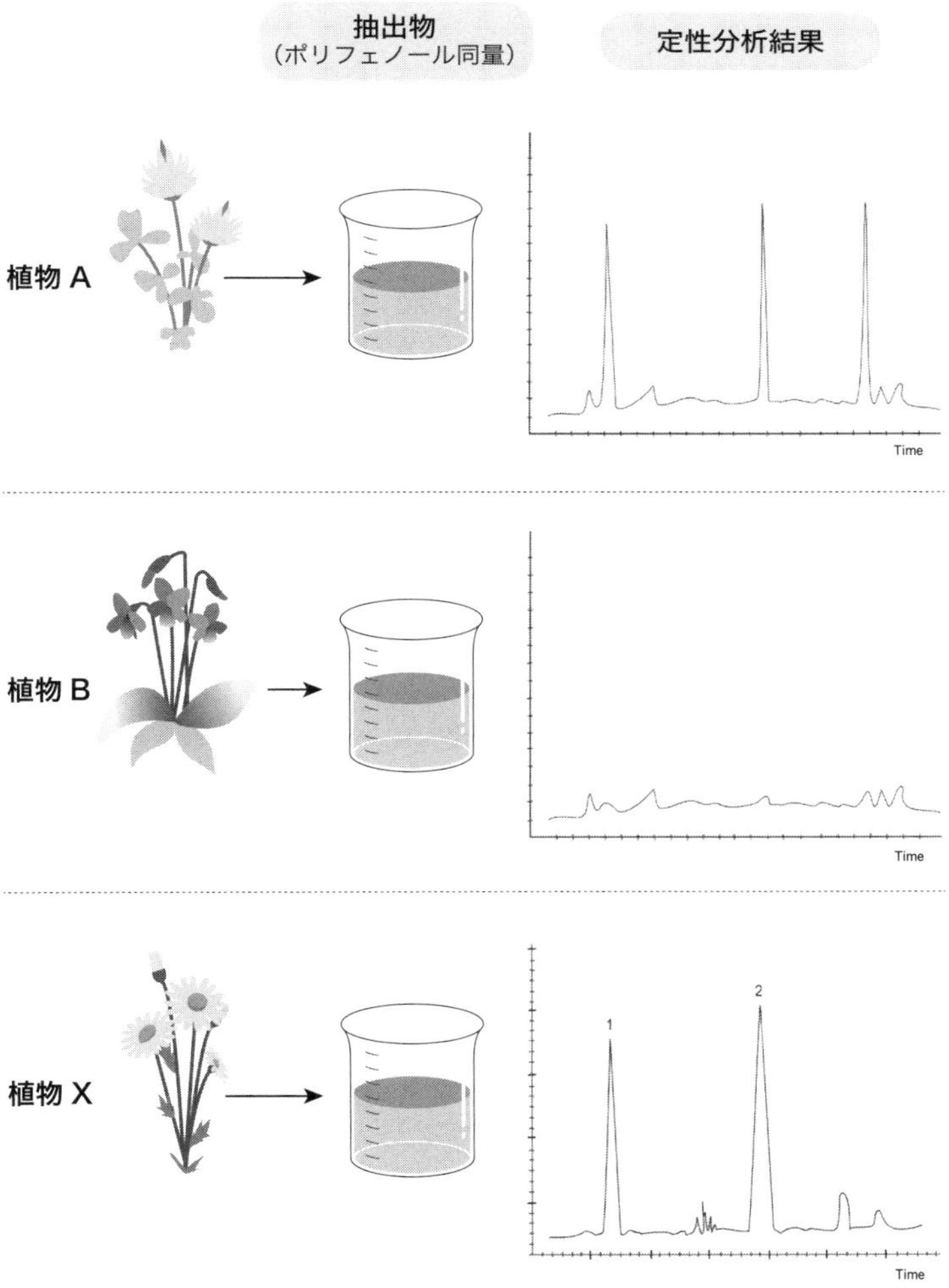

に重要なポイントになりますので、ＰＡＲＴ４でも解説しています。

ここまで見てきたように、機能性表示食品で使用できる成分は作用機序が説明できて、成分の定量・定性分析ができる必要があります。

機能性表示食品の対象とならない食品・関与成分

●機能性表示食品として販売できない食品

しかし、機能性表示食品では、「①作用機序を説明できること」「②成分の定量・定性分析が可能であること」を満たしている場合でも、対象とならない食品や関与成分があります。ポイントは次の２つです。

・特別用途食品および栄養機能食品
・アルコールを含有する飲料

この２つのどちらかに該当する場合は、機能性表示食品として販売できません。特別用途食品とは乳児の発育や妊産婦・授乳婦、病者などの健康の保持・回復などに適する特別な用途表示を行う食品で、トクホも含まれています（トクホは、保健機能食品と特別用途食品の両方に含まれます）。したがって、**トクホもしくは栄養機能食品との併用はできない**ということになります。

アルコールを含有する飲料が対象外となる点については、機能性表示食品が健康の維持増進に関する食品であることを考えれば、仕方がないと思います。例外として、十分な加熱（煮沸など）を前提とし、アルコールの摂取につながらないことが確実な食品は使用できますが、一般的なアルコール含有飲料は届出できないと考えてよいでしょう。

●対象とならない成分と例外規定

また、**「食事摂取基準に摂取基準が策定されている栄養素を含め、食品表示基準別表第9の第1欄に掲げる成分」は対象外**とされています。**図表2-8**に該当する成分の一覧をまとめました。ビタミンやミネラルは対象外となります。

ただし、このなかにも例外規定があり、たんぱく質は不可でも構成成分であるアミノ酸、ペプチドはOKとされています。使用可能な構成成分の例を挙げます。

・n-6系脂肪酸：γ-リノレン酸、アラキドン酸
・n-3系脂肪酸：α-リノレン酸、EPA、DHA
・糖質：キシリトール、エリスリトール、各種オリゴ糖
・糖類：L-アラビノース、パラチノース、ラクチュロース
・食物繊維：難消化性デキストリン、グアーガム分解物
・ビタミンA：プロビタミンAカロテノイド（β-カロテン、β-クリプトキサンチンなど）

食物繊維という大きな分類では届出できませんが、難消化性デキストリン（水溶性食物繊維）といった関与成分であれば届出可能です。この例外規定に該当する機能性関与成分は広く機能性表示食品として販売されています。

●生鮮食品でも機能性表示できる

機能性表示食品の大きな特徴のひとつとして、生鮮食品が対象となることが挙げられます。りんご、みかん、バナナなどの果実、トマト、パプリカ、ブロッコリーなどの野菜、サバ、ブリなどの水産品、鶏肉、豚肉、卵などの動物性食品でも関与成分が一定以上含まれてい

れば、機能性表示食品として機能を謳うことができます。**生鮮食品の機能性表示はトクホでもできなかった日本初のことで、世界的に見ても稀な制度になっています。**

生鮮食品において、「中性脂肪を下げる」「血圧を下げる」といった表現ができるということで、生鮮食品を扱う企業、農家の方の参入が毎年、増えています。初年度は3件にとどまっていた生鮮食品の受理数は7年目には40件に達し、今後も機能性表示食品のひとつのジャンル

図表2-8■機能性表示食品の対象とならない成分

食品表示基準別表第9の第1欄	
たんぱく質	ナトリウム
脂質	マグネシウム
飽和脂肪酸	マンガン
n-3 系脂肪酸	モリブデン
n-6 系脂肪酸	ヨウ素
コレステロール	リン
炭水化物	ナイアシン
糖質	パントテン酸
糖質（単糖類又は二糖類であって、糖アルコールでないものに限る。）	ビオチン
食物繊維	ビタミン A
カリウム	ビタミン B_1
カルシウム	ビタミン B_2
クロム	ビタミン B_6
セレン	ビタミン B_{12}
鉄	ビタミン C
銅	ビタミン D
亜鉛	ビタミン E
	ビタミン K
	葉酸

出典：「食品表示基準 別表第 9」

としてポジションを確立していくことが予想されます。

ここまで機能性表示食品の制度についてまとめました。届出の手法についてはＰＡＲＴ４で詳しく解説しますが、まずは、「どのようなことができるのか？」「自社の成分が使用できるのか？」ということを確認してもらえればと思います。

特定保健用食品（トクホ）の特徴

●トクホには複数の種類がある

特定保健用食品制度が開始されたのは、機能性表示食品の誕生よりも20年以上前です。トクホのメリット、デメリットはすでにお伝えした通りですが、表示できる内容は基本的に機能性表示食品と同等です（疾病リスク低減を除く）。また、トクホは機能性表示食品と違い、ビタミンやミネラルなどの成分も使用することが可能です。

トクホには複数の種類が存在します（**図表2−9**）。このうち、疾病リスクの低減表示はトクホのみで認められています。ただし、現在認められているものは「カルシウムの骨粗鬆症リスク低減」と「葉酸の神経管閉鎖障害を持つ子どもが生まれるリスク低減」の2つのみで、葉酸に関して販売されている商品はなく、制度として定着していないのが実情です。

機能性表示食品とトクホの製品数（撤回製品数を除く）の推移を**図表2-10**で比較しました。**製品数は制度開始から8年時点で、25倍以上の差が生まれています。**機能性表示食品が3年で1000製品を超えたのに対して、トクホは1000製品に到達するまで20年かかっています。

なぜ、これだけの大差がついたのか。その答えに大きくかかわっているのは、前述した通り開発費用および開発期間です。トクホの臨床試験に関する開発費用は平均して数千万円、開発期間は3年以上です。

これに対し、機能性表示食品は臨床試験を実施しなければ、開発費用は数十万円～数百万円で届出ができ、トクホの10分の1以下に抑えることが可能です。トクホと比べて企業側の負担を軽減できたことが、機能性表示食品の大きな成長につながっていることは明白でしょう。

図表2-9■特定保健用食品（トクホ）の種類

特定保健用食品
食生活において特定の保健の目的で摂取をする者に対し、その摂取により当該保健の目的が期待できる旨の表示をする食品

特定保健用食品（疾病リスク低減表示）
関与成分の疾病リスク低減効果が医学的・栄養学的に確立されている場合、疾病リスク低減表示を認める特定保健用食品（現在は関与成分としてカルシウム及び葉酸がある）

特定保健用食品（規格基準型）
特定保健用食品としての許可実績が十分であるなど科学的根拠が蓄積されている関与成分について規格基準を定め、消費者委員会の個別審査なく、消費者庁において規格基準への適合性を審査し許可する特定保健用食品

特定保健用食品（再許可等）
既に許可を受けている食品について、商品名や風味等の軽微な変更等をした特定保健用食品

条件付き特定健康用食品
特定保健用食品の審査で要求している有効性の科学的根拠のレベルには届かないものの、一定の有効性が確認される食品を、限定的な科学的根拠である旨の表示を条件として許可する特定健康用食品

出典：消費者庁「特定保健用食品とは」

図表2-10■トクホと機能性表示食品の製品数の推移

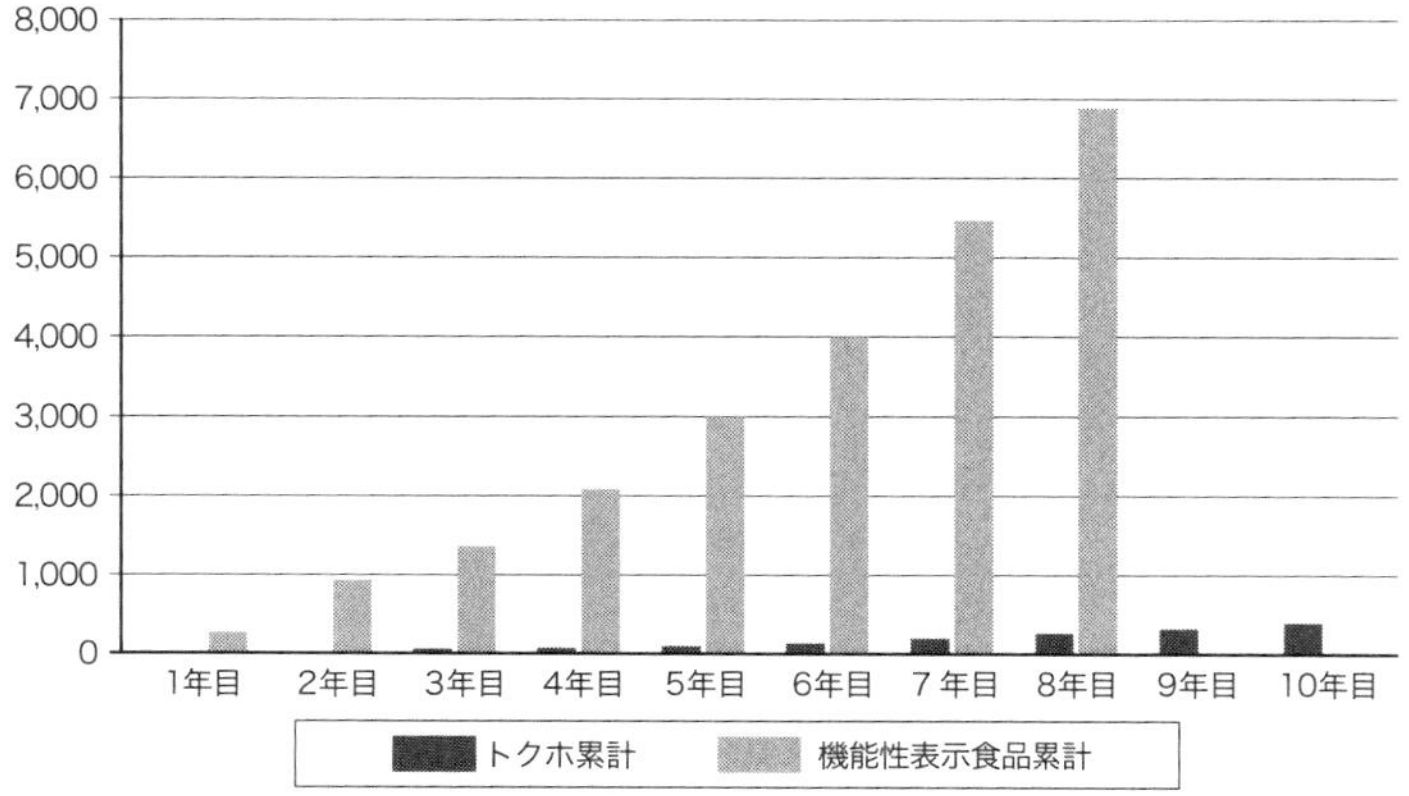

出典：公益財団法人日本健康・栄養食品協会「特定保健用食品の市場および表示許可の状況」および消費者庁「機能性表示食品の機能性表示食品の届出情報検索」よりデータを取得

●トクホはフロー型のビジネスモデル

また、機能性表示食品が成長した別の要因としては、**有効性や安全性情報などに関して製品を変えても同じデータを共通して使用できる**ことがあります。

ビジネスモデルには、「フロー型」と「ストック型」という分類法があります。トクホをフロー型（毎回データを作る必要がある＝足し算型）の制度とすると、機能性表示食品はストック型（いままでのデータを積み上げて使用できる＝掛け算型）の制度と言えます。機能性表示食品のデータをストック（汎用）できる仕組みが、届出の簡便性、ひいては事業者の取り組みやすさにつながりました。

さらに、トクホで培った開発データが機能性表示食品のエビデンスに使用可能であったことも大きく、特に初期の機能性表示食品の製品数増加に寄与しました。一方で各企業の機能性表示食品への移行促進がトクホ離れを起こす結果になりました。

機能性表示食品の数が増えて市場が活発になるほど、原料メーカーに対する機能性表示食品対応がスタンダートとして要求されるようになりました。ネットワーク効果（製品やサービスの利用者が増えるほど、製品やサービスのインフラとしての価値が高まること）と似た作用が働き、機能性表示食品の市場拡大、日本の健康食品の変革につなが

った と考えられます。

●機能性表示食品が伸びたもうひとつの理由

もうひとつ、**機能性表示食品が発展した大きな理由があります。それは届出した資料が公開されたことです。**トクホでは申請する資料のガイドラインはありますが、どのように審査・承認されたかはブラックボックスとなっています。ほかの企業が販売している商品がどのような書類を提出することで承認されたかがわからず、「どのような審査があるのか?」「どのような資料を作成すればいいのか?」といった具体的な事例がないため、企業側はハードルを高く見積もってしまいます。

ハーバード大学ロースクールのキャス・サンスティーン教授は著書『シンプルな政府――〝規制〟をいかにデザインするか』（NTT出版）で、情報開示（特に全面開示）の目的について「ネット上で多くの情報を提供し、民間部門、技術革新に関わる人たちがその情報を有効に活用、再編、転用できるようにする」と述べています。

まさに、機能性表示食品は、商品開発に携わる人々が届出情報にアクセスできるような制度（見える化）にしたことで、ハードルが下がり、企業の製品開発が活発化したと言えるでしょう。

機能性表示食品は導入当初こそ、難しそうだからという理由で様子見をしている企業が多かったのですが、多くの事業者が当たり前に取り組むようになってくると、取り組まないことで発生する機会損失のほうが大きいと判断し、導入企業は増え続け、個人で届出する商品が出るほどに発展したのです。

このように複数の要因から、機能性表示食品の市場席巻は強固なものになりつつあり、この状況は当面継続するとみて間違いないでしょう。

栄養機能食品の特徴

●申請や届出が必要ない保健機能食品

機能性表示食品やトクホと同じ保健機能食品のひとつである栄養機能食品の大きな強み

は、成分の含有量が基準値内に収まっていれば、**申請や届出が必要ないことから、誰もが取り組みやすい**という点です。

表示できる型が決まっているため、オリジナリティは出せませんが、「カルシウムは、骨や歯の形成に必要な栄養素です」「葉酸は、赤血球の形成を助ける栄養素です」「葉酸は、胎児の正常な発育に寄与する栄養素です」といった機能性表示食品ができない領域の表示が可能です。

●ビタミンやミネラルが対象成分になる

機能性表示食品の対象とならないビタミンとミネラルが対象成分というのも特徴です。ヒトに必要な栄養素として厚生労働省が定めたビタミンやミネラルの栄養成分の機能は、基本的に栄養機能食品でしか訴求することはできません（トクホではカルシウムのリスク低減表示が認められています）。

栄養機能食品として使える栄養成分は、ビタミン13種類、ミネラル6種類、脂肪類1種類の計20種類があります。これらのすべてに1日摂取目安量の上限下限が決まっています。分析機関での成分分析結果から、規定の範囲内に収まるように1日摂取目安量を計算して表示すれば、すぐに栄養機能表示を行うことができます。なお、栄養機能食品で表示が義務付けられているのは次の3点です。

・栄養成分（1日摂取目安量）
・栄養成分の機能
・摂取するうえでの注意事項

これらの記載は食品表示基準で定められた必須項目となります。適切な記載がされていない場合には食品表示法違反となります。

●表示できる内容が限定的

栄養機能食品のデメリットは、表示できる内容に幅がないことです。カルシウムが骨にいいからと考えて、「カルシウムで骨を健康に！」といった広告を出すことはできません。骨に関する機能を謳いたい場合には、機能性表示食品もしくはトクホを選択する必要があります（機能性表示食品ではカルシウムは使用不可なので、骨の健康維持機能を有する関与成分を用いる必要があります）。

このようにデメリットはありますが、関与成分が含まれず、ビタミンやミネラルを豊富に含む食品を販売する際には、栄養機能食品として販売することを検討するのがよいでしょう。

栄養強調表示で差別化を図る

栄養機能食品と一緒に知っておきたい知識として、栄養強調表示があります。これは**ビタミンやミネラル、熱量（カロリー）、脂質、糖類、食物繊維などの栄養成分が多いこと、少ないことを強調できるという制度**です。

食品ラベルでよく見かける「ビタミンCが豊富」「食物繊維たっぷり」「塩分控えめ」「糖質ゼロ」「カロリーオフ」といった表示が栄養強調表示です。

栄養強調表示には、基準値が定められていて（栄養成分が多いことを強調する場合には基準値以上、少ないことを強調する場合には基準値未満）、栄養機能食品と同様に、分析を行った結果、基準を満たしていれば、表示することが可能です。

逆に言えば、分析もせずに、勝手に「鉄分がたくさん含まれる」「カロリーオフ」などと表示すると食品表示法違反となります。

この制度のよいところは、機能性表示食品などの保健機能食品でも活用でき、ヘルスクレーム（機能に関する表示）とは別に「高カルシウム含有」「脂質オフ」といった文言を表示できることです。機能性表示食品は栄養機能食品との併用ができないため、栄養強調表示によって差別化につなげることができるでしょう。

健康食品はエビデンス全盛時代へ

●「医中誌Ｗｅｂ」における論文ヒット件数

ここまで、健康食品マーケティング３・０時代の制度を紹介してきましたが、本章の最後に３・０がいかにエビデンス全盛時代であるかをお伝えします。トクホが発展しなかった大きな理由として、開発費用が高いことを挙げました。実は、この点に関して非常に興味深いデータがあります。

「医中誌Ｗｅｂ」（医学・薬学・関連分野の論文を網羅的に調査できるデータベース）を使って、「ランダム化比較試験」と「食品」「健康食品」「サプリメント」「機能性食品」のキーワードをかけ合わせて検索したところ、３５９０件の論文がヒットしました（２０２２年10月時点）。そのうち、機能性表示食品が導入された２０１５年以降の数を見てみると、なんと１４２９件と約４割の論文が該当することが判明したのです。データベースの開始が１９０３年ですので、いかに機能性表示食品制度が健康食品のエビデンス構築に大きな影響を与えたかがわかります。

●エビデンスがなければ相手にされなくなる

日本の健康食品にはエビデンスがないと常々言われてきました。その背景にはトクホ以外ではエビデンスを取得しても機能を謳えない実態があったため、企業側は費用対効果が見込めないと臨床試験を敬遠してきた可能性が考えられるのです。

新しい制度が導入され、臨床試験を実施すれば機能が謳えるようになったことで、費用対効果が低いと考えていた企業も、臨床試験を実施して機能性表示食品として販売しようという意識が高まったと予想されます。これはトクホ時代にはなかった傾向です。

私は日々、クライアントと話しているなかで、企業規模を問わず、臨床試験を実施することへのハードルがかなり下がっていると実感しています。制度が変わることで、開発にかける意識がこうも変わるものだと感心してしまいます。

では、このような状況が続くとどうなるでしょうか。次に起こることは、エビデンスを持たない原料が減り、需要も減っていくという流れです。エビデンスがない原料は、エビデンスのある原料に勝てないため、原料メーカーはエビデンスを求めて費用をかけざるを得なくなります。

あるクライアントから聞いた印象深いエピソードがあります。その方が商談で交渉相手に自社の原料をすすめた際、最初は「検討します」と素っ気ない態度だったそうです。しかし、機能性表示食品の受理実績ができた途端、「とてもいい原料だね」と手のひらを返されたと言っていました。

この事例が、現在の日本の健康食品業界の実態を端的に表しています。いくら、「自社原料はとても優れていて……」と伝えても、**エビデンスがなければ相手にしてもらえず、**

機能性表示食品の受理実績があると、一見の価値ありとみなされるわけです。

この数年間で、原料の良し悪しを見極める判断基準に「エビデンス」「機能性表示食品の受理実績」が大きなウエイトを占めるようになってきました。そして、この傾向はこれからも続いていくでしょう。

PART 3

健康食品マーケティング3.0時代の法規制を理解する

健康食品に関係する法規

本章では、健康食品に関係する法規について解説していきます。日本の健康食品には多くの法規制があることはすでに述べましたが、各法規の趣旨と内容を押さえておくことが大切です。**ポイントさえ押さえておけば、覚えなければならない法規はさほど多くありません。**

重要な法規としては、「薬機法」「景品表示法」「健康増進法」があります。この3つの法律は広告規制に深くかかわるため、その内容を知らなければ、健康食品は販売できないと言ってもいいくらい重要です。また、食品のパッケージに記載する内容としては、「食品表示法」が重要です。保健機能食品の販売におけるルールを定めている法律なので、機能性表示食品や特定保健用食品（トクホ）、栄養機能食品を開発する際には知っておく必要があります。健康食品の広告・表示に関係する法規を**図表3-1**にまとめました。

図表3-1■健康食品の広告・表示に関係する法規

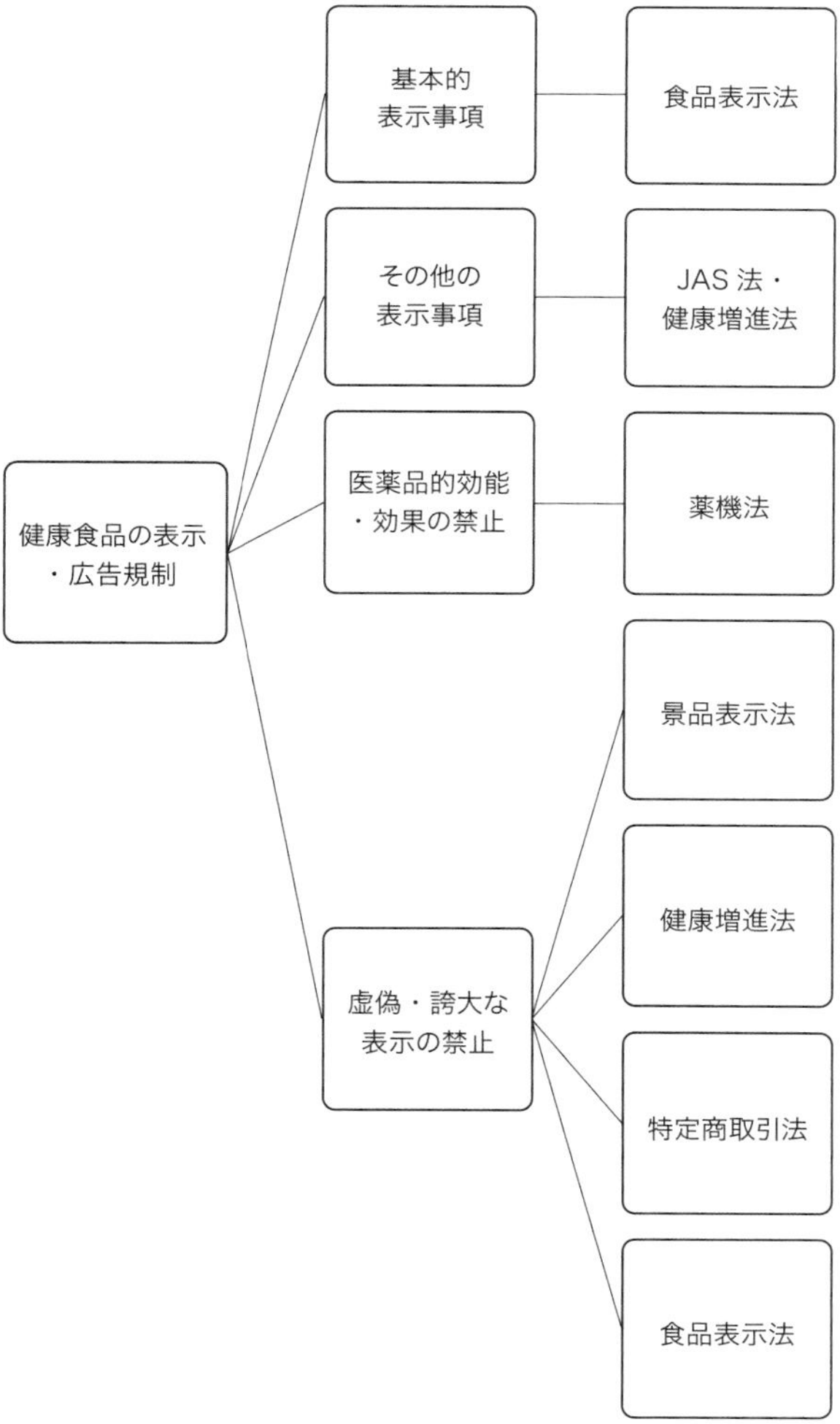

日本で健康食品を販売するうえでは、これらの法律のポイントを押さえなければいけません。まずは薬機法から解説していきます。

覚えておくべき法規①薬機法

●無承認無許可医薬品の取り締まり

薬機法は本来、医薬品に関する法律であることはPART1で述べました。医薬品的な効能効果を謳う健康食品が増えたため、消費者が誤認しないように、医薬品と食品の区別を明確にするための基準として「無承認無許可医薬品の指導取締りについて（通称：46通知）」が定められました。そして、医薬品ではないのに医薬品のような効果効能を謳って販売されているもの、健康食品と称しながら医薬品成分を含有するものは「無承認無許可医薬品」として、取り締まるようになりました。

厚生省（現・厚生労働省）が46通知を定め、現行のルールが導入されたのは1971年ですので、薬機法は長期間にわたり、健康食品の広告規制で重要な役割を担ってきたと言えます。

さて、薬機法の目的を要約すると「医薬品、医薬部外品、化粧品、医療機器について、品質、有効性、安全性の確保のために必要な規制を行うこと」「医療上特にその必要性が高い医薬品及び医療機器の研究開発の促進のために必要な措置を講ずること」「保健衛生の向上を図ること」とされています。

目的に照らし合わせて考えると、医薬品であるかのような食品が流通することは、消費者を混乱させる、疾病に効果があると信じた消費者の正しい医療を受ける機会を失わせる、さらには疾病を悪化させるといった保健衛生上の危害発生につながることから、これらを未然に防ぐために、薬機法の規定に基づく監視指導が行われているのです。

●2021年に課徴金制度を導入

薬機法に違反した場合、どのような罰則が課せられるのでしょうか。罰則規定を確認すると、健康食品の広告表示で医薬品的な効能効果を謳うなど、**虚偽・誇大な表示とみなされる行為が認められた場合には、2年以下の懲役もしくは200万円以下の罰金、またはその両方が科せられる**こととなります。

さらに、2021年には課徴金制度が導入され、**「原則として、違反を行っていた期間**

中における対象商品の売上額×４・５％」の課徴金を納付する必要があります。薬機法違反により、健康食品販売会社の代表および関係者が逮捕される事例も発生しています。こういった事態に陥らないようにするためにも、薬機法のポイントを押さえることが大切です。

健康食品を販売するためだけなら、薬機法のすべてを理解する必要はありません。**ポイントは、「医薬品とみなされないようにすること」です。**事業者が意図したか否かにかかわらず、医薬品とみなされる商品を販売した場合には、薬機法違反となる可能性があります。医薬品と食品を区別するための判断基準は「成分本質」「効能効果」「形状」「用法用量」の4つだけで多くありません。「成分本質」から順番に見ていきましょう。

薬機法で注意すべきポイント①成分本質（原材料）

●厚生労働省が掲げる医薬品リスト

医薬品に該当する「成分」には、どのようなものがあるのでしょうか。見極めるのは簡単で、厚生労働省のホームページで、「専ら医薬品として使用される成分本質（原材料）リスト」（以下、医薬品リスト）が公開されています。したがって、医薬品リストに含まれる成分を使用しないように注意すればいいのです。しかし、最近も、都道府県が行った買上調査で医薬品成分が含まれる健康食品が発見されるなど、医薬品成分が健康食品に含まれるケースはあとを絶ちません。

特に、海外では日本と医薬品リストが異なります。海外では食品として市販されている食品でも、日本では医薬品に該当する場合があるので、**健康食品で輸入原料を用いる際には、医薬品成分が含まれていないことの確認が必須です。**

また、漢方薬に含まれる生薬（例：センナの果実・葉部分は医薬品に該当する）では、植物自体が「医薬品リスト」に載っている場合があるため、同様に注意が必要です。

●医薬品とみなされないようにするには？

医薬品成分を含有すると標ぼうした場合は、事実の有無にかかわらず、「医薬品」とみなされます。そのため、「医薬品成分が実際に入っていないこと」「医薬品成分を含むと書かないこと」の両方を満たさなければなりません。

なお、**普通の食生活において「明らかに食品と認識されるもの（明らか食品）」と、「特別用途食品」「機能性表示食品」は、医薬品とは判断されません。**したがって、生鮮食品に医薬品成分が含まれていたとしても、「医薬品成分を含みます」という表示がなければ、医薬品とはみなされないのです。

たとえば、しじみに含まれる「タウリン」は医薬品成分ですが、しじみを食品として販売することは可能です。しじみが食品として販売されることに何の違和感もありませんが、実際には、食品として販売するためのルールが存在しているのです。もちろん、「タウリン配合のしじみです」という広告表示はできませんので、ご注意ください。

薬機法で注意すべきポイント②効能効果

続いて、薬機法で最も重要な医薬品の効能効果とみなされる表現について見ていきます。

健康食品は医薬品と異なり、疾病の治療や予防を目的とするものではありません。薬機法上では、疾病の治療や予防に役立つ旨を広告表示している製品は、すべて医薬品と判断されます。これは、外国語で記載されていても取り扱いは同じです。

トクホ、栄養機能食品の栄養機能表示、機能性表示食品の機能性表示については、原則として医薬品的な効能効果とは判断しません。ただし、疾病の治療や予防効果に当たる広告表示が認められているわけではないため、保健機能食品であっても、広告表示で行き過ぎた表現をした場合は、健康食品と同じく薬機法違反になります。

では、具体的にどのような表現が医薬品的な効果効能とみなされるのでしょうか。具体例を**図表3-2**に列挙しました（厚生省通知「医薬品の範囲に関する基準」、書籍『健康食品取扱マニュアル第7版』［薬事日報社］を参照）。

これらはあくまで一例であり、**この表現をそのまま使用しなければ違反とならないわけではなく、列挙した表現に類する表現も違反とみなされます。**そのため、同じような表現を避ける必要があります。

「食品そのものの説明ではなく、使用されている原材料の説明であれば大丈夫」という認

⑤医薬品的な効能効果の暗示

1）名称またはキャッチフレーズより暗示するもの

・不老長寿

・百寿の精

・漢方秘法

・皇漢処方

2）含有成分の表示および説明より暗示するもの

・体質改善やデトックスで知られる天然の成分を原料としています。

・漢方薬の原料にもなっている生薬を原料とし、素材の効果を引き出すよう加工しています

・血液をサラサラにすると言われている成分を主原料にしています

3）製法の説明より暗示するもの

・高原に自生する植物○○を主剤にしています

・薬草を独特の製造法（製法特許出願）によって調製したものです

4）起源・由来などの説明より暗示するもの

・この成分に関する古い書物を見ると「胃を開き、消化を助け、痰などもなくなる」といった話が昔から伝えられています。

・古くから食べる肝臓の薬として食卓に並ぶようになりました

5）新聞、雑誌などの記事、医師、学者などの談話、学説、経験談などを引用または掲載することにより暗示するもの

・医学博士の説明「この食品には、がん細胞の脂質代謝異常ひいては糖質、たんぱく代謝異常の抑制作用があることが考えられています」

6）「〇〇の方に」などの表現

・〇〇病が気になる方に

・糖尿病を始め成人病でお困りの方におすすめです

・体力の低下が気になるあなたに

・シワが気になる年齢に

7）「好転反応」などに関する表現

・一時的に下痢や吹き出物などが出ますが、体内の毒素が排出されるためで、そのまま飲み続ければ症状は治まります

・下痢や吹き出物などが出ますが、「好転反応」と言い、体調がよくなっていく前触れです。そのまま継続して摂取してください

図表3-2■医薬品的な効果効能とみなされる表現

①疾病の治療または予防を目的とする表現

・生活習慣病の予防に
・高血圧の改善
・糖尿病が治る、糖尿病の予防
・花粉症に効く
・インフルエンザの予防
・喉の痛みや鼻水を抑える
・緑内障の治療に

②身体の組織機能の一般的増強・増進を目的とする表現

・疲労回復、体力増強、食欲増進
・精力回復
・老化防止、細胞の活性化
・学力向上、成長促進
・新陳代謝を盛んにする
・血液を浄化する
・風邪を引きにくい体にする
・自然治癒力が増す
・健胃整腸

③疾病などによる栄養素の欠乏時などに使用することを特定した表現

・病中病後の体力低下時（の栄養補給）に
・胃腸障害時（の栄養補給）に
・肉体疲労時（の栄養補給）に

④特定部位への「栄養補給」「健康維持」「美容」を表示して、改善・増強ができる旨の表現

・○○は赤ちゃんの脳の発育に役立つ栄養素です
・○○は自然にバストを大きくします
・美肌を作るためにもコラーゲンを補給しましょう

識の方もいますが、**図表3−2**の⑤に挙げたように、それは間違いです。たとえば、**「血圧を下げます」という表現を「血圧を下げる成分が含まれます」などの間接的な表現に変えた場合は、暗示的な表現とみなされ、違反対象となります。**

健康食品はイメージ広告が主流となってきたことから、暗示的な表現に関する規則も多数定められています。事業者サイドはどのように表現すれば、「○○の効果がある」と消費者に感じてもらえるか、行政サイドはどのように暗示表現を含めた広告を取り締まるかを常に考えており、イタチごっこのような関係性は今も昔も変わらずに続いています。

薬機法で注意すべきポイント③形状

医薬品とみなすかどうかの基準で、「形状」はあまり身近でないかもしれません。医薬品的な形状とはどのようなものでしょうか。医薬品と判断される形状と、医薬品と判断されない形状を**図表3−3**にまとめました。医薬品に該当する形状は3種類しか定められて

図表3-3■医薬品的な形状に該当する例・しない例

「医薬品」に該当する形状	「食品」の明記により医薬品と判断しない形状
●アンプル ●舌下錠、舌下に滴下して粘膜からの吸収を目的とするもの ●スプレー管に充填した液体を口腔内に噴霧し、口腔内に作用させることを目的とするもの	●ソフトカプセル ●ハードカプセル ●錠剤 ●丸剤 ●粉末(分包されたものを含む) ●顆粒(分包されたものを含む) ●液状

おらず、この3種類を除いた形状は、「食品」と明記すれば医薬品とは判断されないということです。

アンプル形状の食品は、そもそも流通自体がほぼないので、目にすることはないでしょう。一方、注意が必要なのは、「粘膜からの吸収を目的とするもの」です。**口のなかで溶かして飲む錠剤タイプの健康食品などは、ひとつ間違えると医薬品とみなされる恐れがあります。**舌下で溶かす目的ではなく、あくまで口のなかで溶かして食べることもできる食品として販売するという対応が求められます。

薬機法で注意すべきポイント④用法用量

ポイントの４つめは「用法用量」です。医薬品は安全かつ適切に使用するために、服用時期や服用量がはっきり決められています。一方、健康食品はあくまで食品です。摂取時期や量、服用方法などを細かく決めてしまうと、消費者に医薬品的な効能効果を期待させることから、**用法用量を表記した商品は医薬品と判断されます。**

なお、食品であっても、食べ過ぎなどで害が生じる危険性があることから、食べ方の目安や注意を示すことはあるでしょう。特に機能性表示食品や栄養機能食品、トクホでは１日摂取目安量を記載する必要があります。しかし、そうした場合も「食後に3錠」「食前にお飲みください」などと、医薬品と誤認されるような時期の指定はできません。医薬品的とならない表現例は、**図表3–4**に示しました。

ここまで４つのポイントを解説しました。私は日々、クライアントから依頼を受け、健

図表3-4■医薬品的な用法用量に該当する例・しない例

概要	医薬品的な表現例	医薬品的とならない表現例
量の指定	1日2個	目安として1日2～3個※
時期、間隔および量の指定	毎食後、添付のサジで2杯ずつ服用してください。	栄養補給のためには、添付のサジで1日6杯程度を目安として……。※
時期、量の指定	食前、食後に1～2個ずつ服用してください。	目安として1日2～3個※
時期の指定	お休み前、起床時に	—
目安として	—	1日2～3個、1か月に1瓶を目安として、適宜お召し上がりください。※
食品との相関	—	本品3粒はイワシ1匹分に相当するビタミンが含まれます。日常の食事の内容に応じて適宜お召し上がりください。
量の指定、症状に応じた量の変動	肝臓の悪い方は1日6カプセル、健康維持を目的としている方は1日3カプセルずつ服用してください。	お好みにあわせてお召し上がりください。栄養補給のための目安としては1日3粒程度です。※

※「食品」であることの明示が必要

康食品の広告案をチェックしていると、薬機法に抵触していると考えられる事例をよく見かけます。薬機法を理解したうえで作成しているかどうかまではわかりませんが、どのような法規制があり、なぜそのルールが存在するのかというバックグラウンドも含めて、包括的に理解を深めることは、違反のない広告作成に役立つはずです。

覚えておくべき法規②景品表示法

健康食品の販売の際に関係する重要法規の2番目は、「景品表示法（正式名称：不当景品類及び不当表示防止法）」です。景品表示法の目的は、次のように定められています。

「商品及び役務の取引に関連する不当な景品類及び表示による顧客の誘引を防止するため、一般消費者による自主的かつ合理的な選択を阻害するおそれのある行為の制限及び禁止について定めることにより、一般消費者の利益を保護することを目的とする」

要約すると、「消費者はよい商品・サービスを求めるが、実際よりもよく見せかける表示（誇大・虚偽な表示、消費者をだますような表示）や、過大な景品類（豪華・高額過ぎる景品）の提供が行われると、消費者が実際には質の低い商品やサービスを買ってしまい、不利益をこうむる恐れがあるため、このような不当表示や過大な景品類から消費者の利益を保護するために景品表示法が存在する」ということになります。

景品表示法の対象は、すべての商品やサービスの表示と定められています。そのため、健康食品のみならず、すべてのビジネスにかかわってきます。なお、健康食品では、一般的に景品類の提供が行われないため、本書では、「過大な景品類の提供禁止」の説明は割愛します。

景品表示法の表示で重要となるのは、「優良誤認」と「有利誤認」です。優良誤認は商品やサービスを実際よりよく見せる不当表示、有利誤認は商品やサービスを実際より有利に見せる不当表示のことを指します。

景品表示法で注意すべきポイント①優良誤認

●著しく優良だと誤認させる表示

まずは、優良誤認から見ていきましょう。なお、要点を明確にするため、ここから先の説明では、「サービス（役務）」は省略し、「商品」のみの説明に絞ります。景品表示法では不当表示について次のように定めています。

「商品の品質、規格その他の内容について、一般消費者に対し、実際のものよりも著しく優良であると示し、又は事実に相違して当該事業者と同種若しくは類似の商品を供給している他の事業者に係るものよりも著しく優良であると示す表示であって、不当に顧客を誘引し、一般消費者による自主的かつ合理的な選択を阻害するおそれがあると認められるもの」（著者一部改変）

要約すると、「顧客に買ってもらうため、商品の品質などを実際のものよりも著しくよく見せる表示を行い、消費者の合理的選択を阻害するもの」です。

「優良」と書いてあるので、いいことのように思うかもしれませんが、「優良ではないものを勝手に優良と表示している」ということですので、正反対の意味となります。

では、「著しく優良だと誤認させる表示」とはどういう表示なのでしょうか。「著しく優良だと誤認させる」かどうかの判断基準は次のようになります。

- 業界の慣行や表示を行う事業者の判断ではなく、表示の受け手である消費者に「著しく優良」と認識されるかどうかで判断する
- 表示の誇張の程度が、社会一般に許容される程度を超えて、消費者による商品選択に影響を与えるかどうかで判断する
- 表示上の特定の文章、図表、写真などのみからではなく、表示の内容全体から消費者が受ける印象、認識により総合的に判断する

このように、優良誤認に該当するかは、消費者の立場で考えて、商品選択に影響を与えるかどうかを文字情報だけでなくすべての表示から受ける印象で判断します。

この判断基準は、事業者にとっては厳しく、「事業者の認識では問題ない」という言い

分は通用しません。文字情報として「血流改善機能」と書いていなくても、血液がスムーズに流れるイラストを使って、「血液サラサラ」と表示している場合には、「総合的に判断して血流改善機能を表示している」と判断されます。そして、血流改善機能を示すエビデンスがなければ、不当表示とみなされます。

そのほかにも、「成分Aが100mg含有と謳っているのに、実際には10mgしか入っていなかった」「成分Aは血糖値を下げると広告したのに、それを証明する根拠がなかった」といったケースも、著しく優良と誤認させるとみなされます。

●ダイエット食品では違反事例が多発

健康食品で多い違反事例に「痩身《そうしん》効果を標ぼうする食品」、いわゆるダイエット食品に関する広告があります。痩身効果で注意すべき表示内容をまとめると次のようになります。

・対象商品を摂取するだけで、誰でも容易に外見上の身体の変化を認識できるまでの痩身効果が得られるかのような表示

・対象商品を摂取するだけで、特段の食事制限をすることなく、容易に痩身効果が得られるかのような表示

このような表示を行った健康食品で、措置命令を受けた事例は数え切れません。また、機能性表示食品やトクホであっても、届出表示の範囲を超えるような表示で、ダイエット効果を謳った場合には、同様に措置命令を受けることがあります。そのため、広告は慎重に作成しなければなりません。

現代は機能性・エビデンス全盛時代であることは前述しました。景品表示法では、広告表示に則したエビデンスを持たない商品に対して措置命令を行うことができます。消費者庁は、健康食品の「エビデンスの有無」と「エビデンスの質」について厳しくチェックしていて、エビデンスが不足している食品は機能性表示食品として受け付けてもらえません。エビデンスもないのに広告で謳えば、措置命令を受けます。**エビデンス構築は措置命令のリスク対策としても重要な役割を果たしているのです。**

●不実証広告規制の導入

優良誤認を効果的に規制するため、2003年から不実証広告規制という仕組みが導入されています。それまでは優良誤認が疑われる広告表示について、行政側が調査・鑑定などを行い、表示通りの効果・性能がないことを立証する必要がありました。

しかし、不実証広告規制の導入により、優良誤認表示に該当するか否かを判断する必要がある場合は、期間を定めて、事業者に表示の裏付けとなる合理的な根拠を示す資料の提出を求めることができるようになったのです。

事業者が求められた資料を期間内に提出しない場合や、提出された資料が表示の裏付けとなる合理的な根拠を示すものと認められない場合には、当該表示は不当表示とみなされます。提出資料が表示の裏付けとなる合理的な根拠を示すものであると認められるためには、次の2つの要件を満たす必要があります。

・提出資料が客観的に実証された内容のものであること（表示された具体的な効果が事実であることを客観的に実証されていることを説明できる）
・表示された効果と提出資料によって実証された内容が適切に対応していること（実証されたデータと表示に乖離がない）

不実証広告規制の導入によって、行政サイドは優良誤認であるかどうかの確認がスムーズになりました。事業者に対して「御社の広告表示に優良誤認の恐れがあるため、15日以内に合理的な根拠を示す資料を提出してください」と依頼して、資料が提出されない、もしくは提出された資料が合理的でなければ、措置命令を行うことができるのです。

健康食品は、優良誤認の措置命令を受ける件数が非常に多く、2020年代までは措置命令全体の2~3割を健康食品（保健機能食品を含む）が占める時期もありました。最近は減少傾向にありますが、規則が緩くなったわけではありません。社内に薬事担当者がいればよいですが、専門家がいない場合でも、「外部機関への薬事チェックを依頼する」「自治体の薬務課に広告内容を相談する」といった事前の対応をしておくことが、健康食品の広告表示において大切なプロセスです。

景品表示法で注意すべきポイント②有利誤認

●措置命令が多い「二重価格表示」

続いて、景品表示法の重要事項のひとつである「有利誤認」について解説します。有利誤認の意味を要約すると、「実際のものよりも著しく有利であると消費者に誤認されるもの」「競合他社よりも著しく有利であると消費者に誤認されるもの」であって、「不当に顧客を誘引し、一般消費者による自主的かつ合理的な選択を阻害する表示」を指します。

優良誤認と基本的な考え方は同じで、販売会社にとって有利であるとみなされるような表示を行うことを規制しています。有利誤認のなかでも、特に措置命令が出ることが多い表示が「二重価格表示」です。二重価格表示とは、事業者が自社の販売価格よりも高いほかの価格を併記して表示することを指します。

次のような表示は、二重価格表示として不当表示に該当する恐れがあります。

・同一ではない商品の価格を比較対照価格に用いて表示を行う場合

・比較対照価格に用いる価格について実際と異なる表示や曖昧な表示を行う場合

二重価格表示でよく見られるのは、「通常価格3000円のところ期間限定いまだけ1500円」といった表示です。このような表示があるにもかかわらず、実際には通常価格で販売したことがない場合には、違反の対象となります。

「いまだけ半額」のような表示を見ると、「消費者はいまのうちに買っておこう」と購入意欲を掻き立てられます。この手法は「アンカリング効果」としても知られており、行動経済学でも有効だとわかっています。

人は基準がないものや知らないものを判断するのが苦手で、新しいものを見たら、すでに知っている何かと比較して良し悪しを決める傾向があります。そのため、先に与えられた情報や数字によって、無意識のうちに判断を歪められてしまいます。

しかし、比較対照の表示が虚偽である場合には、有利誤認として不当表示になります。二重価格表示で特に指摘されることが多いのは、過去の価格との比較です。過去の価格を比較対照としていい場合の条件は、**図表3-5**の通りです。

このように、定価で2週間以上販売していればセール価格として使用できます。セール期間は直近8週間の販売価格に縛られます。4週間以上のセールを行うと、直近8週間の定価販売期間が過半数を下回ってしまいます。したがって、基本的なルールとしては4週間がセール期間の上限と考えておけば、違反となることはないでしょう。

二重価格表示は、その内容が適正な場合にはマーケティング手法として有効な側面がありますが、適正な表示が行われていない場合には、有利誤認表示に該当する恐れがあります。販売価格の設定やセール期間を決める際には注意が必要です。

図表3-5■過去の価格と比較するためのルール

A) 販売開始から8週間以上経過している場合

直近8週間のうち4週間以上の販売実績があれば、過去の販売価格として表示可（セール全期間に適応）

B) 販売開始から8週間未満の場合

販売期間の過半かつ2週間以上の販売実績があれば、過去の販売価格として表示可（セール全期間に適応）

C) セール開始時が定価販売期間の最後の日から2週間以上経過している場合

表示不可

D) 販売期間が2週間未満の場合

過去の販売価格として表示不可

このルールをすべて当てはめたときのセールできる時期は次のようになります。

- **過去の販売期間が1週間の場合**

  Dの「2週間未満」に当たるのでセールはできない

- **過去の販売期間が3週間の場合**

  Bの「2週間以上」で「過半数を超えている」のでセール可。ただし、セール期間を通じて過半数以上を満たすために最長3週間まで

- **過去の販売期間が4週間の場合**

  Bの「2週間以上」で「過半数を超えている」のでセール可。ただし、セール期間を通じて過半数以上を満たすために最長4週間まで

- **過去の販売期間が10週間の場合**

  Aの「8週間以上」で「過半数を超えている」のでセール可。ただし、セール期間を通じて過半数以上を満たすためにセールは4週間まで（セール期間が4週間を超えると直近8週間のうち定価販売日が4週間を下回る）

●景品表示法の罰則規定

最後に、景品表示法の罰則規定について説明します。景品表示法において、「優良誤認」もしくは「有利誤認」のいずれかの不当表示が認められた場合、改善指導もしくは措置命令を受けることになります。改善指導の場合には、広告内容を適正化するよう指導され、課徴金対象などの罰則規定はありません。

一方、景品表示法の違反行為が認められた場合には、措置命令が行われ、消費者に与えた誤認の排除（自社ホームページでの周知など）、表示の撤去、再発防止策の実施、今後同様の違反行為を行わないことを命じられます。

措置命令を受けると、企業名が公表されるとともに、違反した期間中の対象商品の売上分の3％を課徴金として収めなければなりません（売上が5000万円未満の場合は除きます）。

なお、ひとつの表示に対して、景品表示法と薬機法の両方から課徴金が求められた場合は、景品表示法3％＋薬機法1・5％の計4・5％の課徴金となり、支払う金額は薬機法のみの課徴金と変わりません。

覚えておくべき法規③健康増進法

●注意を要する誇大表示の禁止

重要な法規の３つめは健康増進法です。健康増進法は、国民の健康の増進の総合的な推進に関する事項（例：受動喫煙防止策の策定など）を定めるとともに、国民の健康の増進を図り、国民保健を向上することを目的としています。特に覚えておきたいのが、第65条第1項（誇大表示の禁止）の部分です。一部抜粋した内容は次の通りです。

「何人も、食品として販売に供する物に関して広告その他の表示をするときは、健康の保持増進の効果その他内閣府令で定める事項『健康保持増進効果等』について、著しく事実に相違する表示や著しく人を誤認させるような表示をしてはならない」（著者一部改変）

要約すると、健康保持増進効果等（44ページ**図表2−1**参照）が得られると表示しているものの、実際には健康保持増進効果等がない場合、もしくはあるように誤認させるような場合には、違反とみなされます。

第65条に違反した場合の罰則規定は、まずは必要な対処をするべく勧告（表示の修正など）が出され、勧告を無視した場合には必要な措置をとるべく命令が出され、命令にも従わなかった場合には6か月以下の懲役もしくは100万円以下の罰金が課せられます。

●関連事業者も責任を問われる

さて、**この法律の重要な部分は「何人も」という点です。**景品表示法では、違反の主体は「商品を提供する事業者」と定められています。そのため、商品を販売している事業者が広告表示に違反した場合の責任を負うこととなります。

しかし、健康増進法では、食品の製造業者や販売業者だけでなく、広告制作に携わった雑誌社、放送事業者、インターネット媒体社、アフィリエイター、広告代理店などの関連事業者も違反の対象となります。製品を販売していないから関係ないという言い逃れはできません。健康増進法では広告表示にかかわったすべての者が責任を問われる可能性があるということをあらかじめ理解しておくことも大事です。

実を言えば、**薬機法も同じく「何人も」を対象にした規制です。**最近では2021年に医薬品的効果効能を標ぼうしていたいわゆる健康食品が措置命令を受け、広告を作成したアフィリエイター、広告代理店、広告制作会社従業員が書類送検されました。この事案は新聞記事として取り上げられ、販売事業者以外でも書類送検されることがあるのかと、大きなインパクトを与えました。

このように、**健康食品の広告を取り巻く法規制は、日々変化しています。いままで大丈夫だからこれからも大丈夫といった理屈は通用しません。**最新の状況を把握しておかなければならないのです。

景品表示法×健康増進法で取り締まる

景品表示法と健康増進法の2つの法規は密接にかかわっていて、特に健康食品の取り締まりではセットで使われることが多くなっています。消費者庁が2013年に制定した「健康食品に関する景品表示法及び健康増進法上の留意事項について」では、健康食品の広告表示で健康増進法や景品表示法の違反対象になり得る具体事例が多く記載されています。
この留意事項が制定された背景には、インターネットなどを利用した健康食品の広告宣伝のなかに、健康の保持増進の効果などが実証されていないにもかかわらず、当該効果などを期待させるような不当表示が多く見られることが理由として挙げられています。

健康食品に特化したこの留意事項は、薬機法における46通知の位置付けと似ています。薬機法では46通知によって医薬品と健康食品の区別を明確にして、取り締まりに活用していますが、景品表示法と健康増進法のそれぞれがカバーできない範囲を相互補填するように、この留意事項が活用されているのです。

たとえば、景品表示法では「商品を提供する事業者」が違反対象です。そのため、アフィリエイターやアフィリエイトサービスプロバイダーは、原則として違反対象とはなりません。しかし、健康増進法は「何人も」虚偽・誇大な表示をしてはならないため、健康増進法上の措置を受けるべき者に該当し得ると留意事項に明記されています。

さらに、この留意事項は新しい違反事例が確認されると、その都度改定されて、違反対象に追加されていきます。このように、**健康食品に関連する法規は、法規上で曖昧な部分（グレーゾーン）があればガイドラインが改定されて、グレーゾーンがなくなるような仕組みになっています。**

健康食品マーケティング3・0時代は、機能性が広く謳えるようになったという面もあれば、法規上、広告表示できないことが増えたという面も併せ持っています。これは避けようのない環境の変化であり、常に現在進行形で最新のマーケティング戦略にブラッシュアップしなければいけないのです。

その他の関連法規（食品表示法）

健康食品を販売するうえで、ほかに覚えておく必要がある法規としては、食品表示法があります。食品表示法は、食品を摂取する際の安全性、一般消費者の自主的かつ合理的な食品選択の機会の確保のための法律です。

食品表示法は、食品衛生法、ＪＡＳ法および健康増進法に分かれていた食品の表示に関する規定を統合し、食品の表示に関する包括的かつ一元的な制度として、２０１５年に施行されました。機能性表示食品の誕生と同じタイミングです。

食品表示法には、食品表示基準という規定があり、加工食品や生鮮食品を販売する際に、商品パッケージに書かなければならない事項が定められています。２０２０年には栄養成分を表示することが義務付けられ、カロリーや脂質、糖質などの表示が必須になっています。当然、保健機能食品でも、この法律を遵守しなければならず、通常の食品の記載事項に加えてトクホ、機能性表示食品、栄養機能食品ごとに表記しなければならない事項が指定されています。

制度と法規の理解がなければ成功しない

本章では、健康食品に関連する法規のなかでも特に重要なものに絞って解説してきました。「マーケティングの本と言いながら、全然マーケティングに関係しないじゃないか」と思う方もいると思います。しかし、健康食品は非常に特殊なジャンルで、法規や制度などの基礎的な部分を理解していないと失敗するリスクが高まります。**健康食品業界で成長している会社は、制度や法規を熟知したうえで、マーケティング戦略を練っています。**

ここまでのパートでは、制度として「健康食品でできること」、法規として「健康食品で禁止されていること」を重点的に解説してきました。一見、回り道のような説明をしてきましたが、置かれた環境を把握し、足場固めをしっかりしておくことで、ＰＡＲＴ４以降の解説がより理解しやすくなるはずです。

次章からは、現在の健康食品の主流である機能性表示食品の開発戦略について解説し、広告宣伝、マーケティングへと展開していきます。すでにお話しした制度と法規を前提にした内容も多くなりますので、わからない部分があったら、ＰＡＲＴ３までを振り返りつつお読みいただければ、より理解が深まると思います。

PART 4

機能性表示食品の届出を成功させるために必要な知識

届出の全体像と必要な書類

●届出で押さえるべき2つのポイント

健康食品マーケティング3・0時代において、消費者に訴求したい機能性を謳うなら、機能性表示食品を避けて通ることはできません。一方、事業者のなかには、機能性表示食品の届出はトクホと同様に難しいと考えている方が多くいらっしゃいます。そこで、本章では健康食品の機能性を謳いたい方のために、機能性表示食品の届出の秘訣を伝授します。

本章のゴールはズバリ届出受理です。もちろん、事業者の方が目指す本当のゴールは商品が多く売れることですが、受理されなければ、販売することさえできません。受理されない限り売上にはつながらないのです。

届出に関する資料は多岐にわたり、機能性表示食品のガイドラインを細かく解説するだけでも、本一冊のボリュームが必要です。そのため、本書では「別紙様式（Ⅴ）―4に記載すべき事項は……」といった、すべての資料の書き方を伝えることはしません。届出の全体像の解説、届出で絶対に満たさなければならないポイント、届出で失敗することが多い（失敗したときのリスクが大きい）ポイントを理解していただくことに焦点を絞ります。届出の全体像と2つのポイントを押さえるだけで、受理される確率は格段に上がるはずです。

●届出に必要な資料は全部で8種類

まず、届出で必要な資料一式を**図表4−1**に挙げました。これらすべての資料を揃えなければ、届出はできません。届出資料は、「重要な資料あるいは準備に時間がかかる資料」と「時間をかけずに作成できる資料」に分けることができ、前者は①〜⑤、後者は⑥〜⑧が該当します。

「時間をかけずに作成できる資料」は

図表4-1■機能性表示食品の届出に必要な資料

①	機能性に関する資料
②	安全性に関する資料
③	製造・分析に関する情報 製造および品質管理に関する情報 原材料および分析に関する情報
④	作用機序に関する情報
⑤	届出食品に関する情報 表示内容に関する情報 容器包装の表示見本
⑥	食品関連事業者に関する情報
⑦	健康被害の情報収集体制に関する資料
⑧	一般消費者向けの基本情報

専門知識などが要求されない一般的な内容であることから、誰でも作成することが可能です。一方、「重要な資料あるいは作成に時間を要する資料」は専門的な知識やコツが必要になります。そのため、①〜⑤の資料に重点を置いて解説していきます。

届出可否の適切な判断を行う

●機能性表示食品におけるエビデンスの構築

機能性表示食品で大事なポイントは、届出に必要なエビデンスがすべて準備（構築）できているかどうかです。

機能性表示食品は〝エビデンス食品〟と言ってもいいほど、多くのエビデンス（機能性、安全性、関与成分の分析、作用機序）を収集して、報告書にまとめる必要があります。

エビデンスとは、日本語に訳すと「根拠」です。医療用語では、「科学的根拠」とも言われます。このエビデンスの構築を中心に機能性表示食品の届出のポイントを考えてみましょう。

機能性表示食品におけるエビデンスの構築は、3つのステップに分けることができます。それは情報収集フェーズ、情報統合フェーズ、情報不足フェーズです。このうち、特に重要なのは情報収集フェーズで、押さえるべきポイントは次の4つです。

- **機能性：「採用論文の有無」「1日摂取目安量が妥当である」**
- **安全性：「喫食実績、既存情報、安全性試験に関するデータの有無」**
- **関与成分の分析：「第三者機関での分析結果の有無、分析方法の確立」**
- **作用機序：「in vitro 試験および in vivo 試験または臨床試験に関する資料の有無」**

情報収集フェーズがなぜ重要かと言うと、このフェーズの情報に不備があると、届出ができない事態に発展する恐れがあるためです。情報統合フェーズでは、収集したエビデンスの情報を決められた様式の報告書にまとめる作業が発生しますが、基準に沿ったエビデンスがすべて揃っていないのに届出をしてしまうと、最終的には消費者庁に書類を受け付けてもらえず、再度データを取り直さなければならなくなります。**最悪の場合、そこまで**

に多額の費用を投入していたとしても、開発を断念せざるを得ない状況に陥ります。

このようなリスクを避けるためにも、情報収集フェーズではエビデンスの有無、妥当性を正確に見定めることが重要です。妥当かどうかは「科学的に見て妥当か」ということです。科学的に見て妥当とは、ガイドラインに示されている基準に合致しており、科学的な根拠が適切に示されていることです。

たとえば、ランダム化比較試験（ＲＣＴ）は最も質が高いエビデンスと言われていますが、ＲＣＴであればなんでもよいというわけではありません。エビデンスレベルが高い論文でも、疾病に罹患している患者を対象としている場合には、通常は届出資料として使えません。機能性表示食品の届出においては、「学術的に見て、適切な科学的根拠があること」「ガイドラインに適していること」の２つが揃って初めて使用できるエビデンスとみなされるのです。

最近では、学術的なエビデンスの質も、より高い水準が要求されます。法規制でも同様のことが言えますが、一定の水準が満たされるようになると、時間とともに要求される水準が高まるという現象が起きます。これは不可逆的な流れで、よほど大きな外部要因が働かない限り、求められる水準が緩く（低く）なるようなことは起こりません。

●情報収集フェーズで押さえるべき4つのポイントの具体例

話を戻します。まずは前述した情報収集フェーズで押さえるべき4つのポイントを確認しましょう。情報統合フェーズに入る前に、**図表4－2**のチェックリストに挙げた項目をすべて把握しておくのがベストです。すでに受理されているほかの製品で食品原料として使用する成分のデータがある場合は、基本的に「適切なデータあり」として問題ありません。この段階で不足している項目があると、次のアクションが大きく変わってきます。具体的には**図表4－3**のようになります。

情報収集フェーズで届出に問題があると気づいたら、その時点で届出準備をいったん中断して、その問題が解決できるかどうかを検証します。もし解決が不可能と判断したなら、届出の是非を検討するのがベストです。解決できない問題を抱えたまま、届出準備を進めてしまうと、費用と時間が無駄になってしまいます。

もし、エビデンスが不足しているのであれば、問題を細分化して考えましょう。「どの

図表 4-2■情報収集フェーズのチェックリスト

①機能性エビデンスのポイント

- □ 肯定的な結果が見られた論文があるか？
  複数の論文がある場合には、肯定的な結果の論文が過半数を超えているか？
- □ 対象者がガイドラインの基準に則っているか？
- □ 販売する製品の1日摂取目安量は無理なく摂取できる範囲か？
- □ 得られた結果から、どのような表示が可能か？

②安全性エビデンスのポイント

- □ 喫食実績で安全性が確認されているか？
- □ データベースなどの既存情報（二次情報）で安全性が確認されているか？
- □ 論文（一次情報）で安全性が確認されているか？
- □ 安全性試験で安全性が確認されているか？

③関与成分の成分分析のポイント

- □ 第三者機関で届出する製品の分析が実施されているか？
- □ 分析方法は妥当性が認められているか？
- □ 有効性の論文における関与成分と同等とみなせるか？

④作用機序のポイント

- □ in vitro 試験および in vivo 試験、または臨床試験に関する資料があるか？
- □ 作用機序で届出表示を説明する際に、矛盾や乖離が生じていないか？

図表4-3■各フェーズのチェック項目

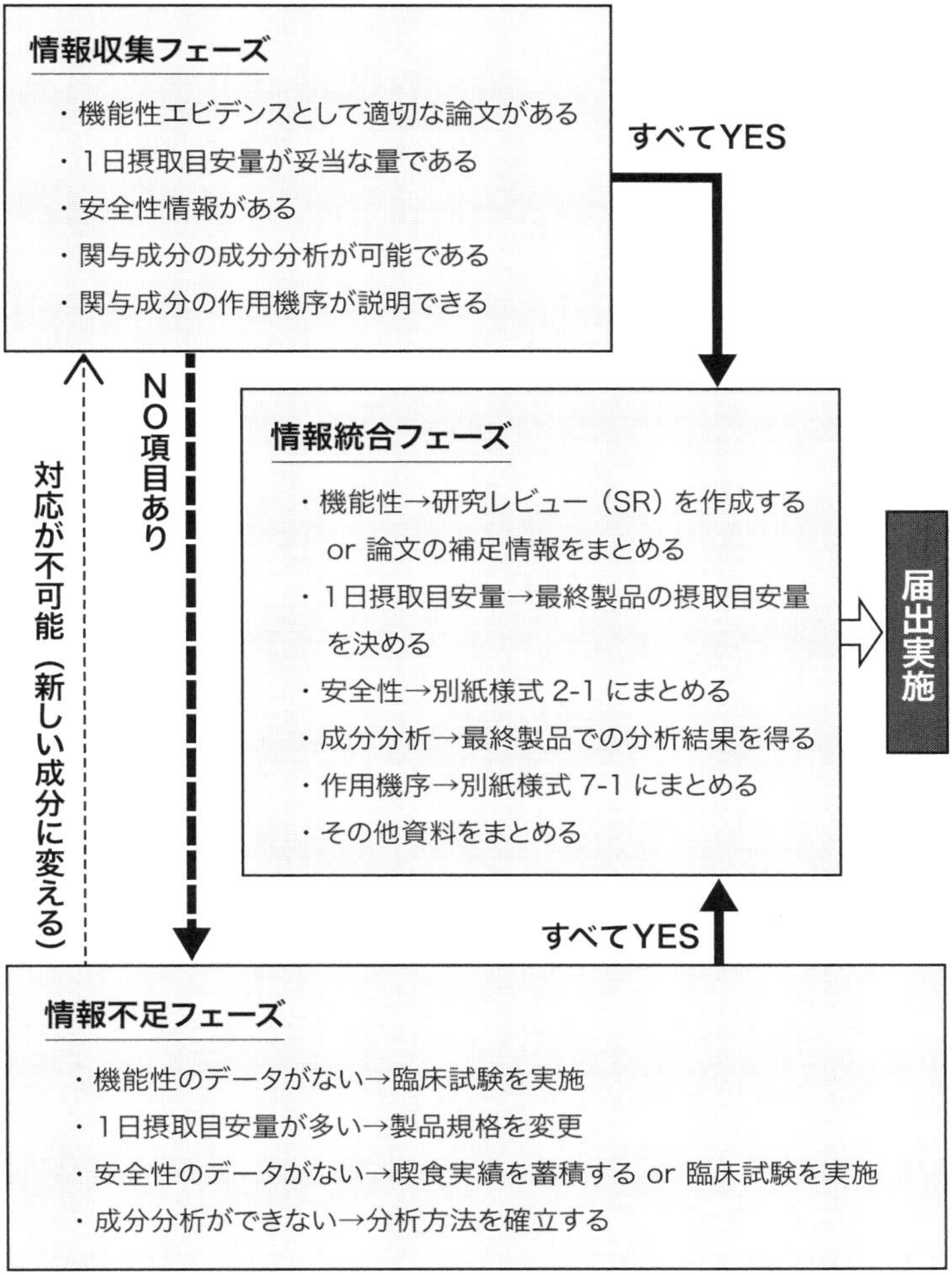
情報収集フェーズ
・機能性エビデンスとして適切な論文がある
・1日摂取目安量が妥当な量である
・安全性情報がある
・関与成分の成分分析が可能である
・関与成分の作用機序が説明できる
すべてYES
NO項目あり
対応が不可能（新しい成分に変える）
情報統合フェーズ
・機能性→研究レビュー（SR）を作成する
or 論文の補足情報をまとめる
・1日摂取目安量→最終製品の摂取目安量
を決める
・安全性→別紙様式 2-1 にまとめる
・成分分析→最終製品での分析結果を得る
・作用機序→別紙様式 7-1 にまとめる
・その他資料をまとめる
届出実施
すべてYES
情報不足フェーズ
・機能性のデータがない→臨床試験を実施
・1日摂取目安量が多い→製品規格を変更
・安全性のデータがない→喫食実績を蓄積する or 臨床試験を実施
・成分分析ができない→分析方法を確立する

ような追加業務が必要なのか?」「どれくらいの期間がかかるのか?」「どれくらいの費用がかかるのか?」「自社で対応可能な業務は?」「アウトソーシングが必要な業務は?」といった形で、実務レベルまで落とし込みます。

各フェーズでの問題点が把握できていないとすれば、製品開発において適切な管理ができていない証拠です。そのまま届出をして、消費者庁から指摘されても泥縄式の対処しかできないでしょう。

このような状況に陥ると、届出受理(ゴール)に辿り着くステップが見えなくなって、時間も予算もロスしてしまうのが関の山です。私はそのような事例をたくさん見てきました。準備が8割とよく言われますが、**機能性表示食品の届出において成功するかどうかは届出資料作成(情報統合フェーズ)の前に決まっている**と言えます。

●自社で新たなエビデンスを取得する場合(情報不足フェーズ)の対応

一方、まだエビデンスがない食品原料のエビデンスを取得して、機能性表示食品にまで育てていく場合もあると思います。特に新規性の高い成分では、機能性や安全性のエビデンスが得られていないことは多々あります。不足している情報があれば、届出する前にすべて揃えなければいけません。

自社で新たにエビデンスを取得する場合は、特に慎重に進めなければなりません。仮に臨床試験を実施して、得られたエビデンスを用いて届出したとします。ところが、消費者庁から「ガイドラインに適していないため、臨床試験のデータはエビデンスとして使用できません」と差し戻しを受けたら大問題です。臨床試験に費やした費用と時間が無駄になってしまうからです。

どれだけ適切に試験を行っても、有効性が得られないことはあります。それはリスクとして受け入れなければなりません。しかし、ルールを知らなかった、ガイドラインを誤って解釈していたという理由で、数千万円をかけたデータが使えないとなったら、どうでしょうか。「なぜこうなった」「誰のせいだ」といった犯人探しや責任問題に発展するなど、目を覆いたくなる状況になるのは火を見るより明らかです。

消費者庁に指摘されて、あるいは臨床試験が終わってから、私のところに「試験内容に問題があるようなのですが、どうすればよいでしょうか」と質問されるケースもあります。しかし、「試験計画時に連絡いただければ対応できましたが……」と言わなければならず、とても心苦しく感じます。

すべての資源は有限です。商品の販売開始までの期間が延びるほど機会損失につながります。特に**多額の費用や時間を要する臨床試験は、最大限の準備をしてから臨むべきです。**

機能性表示食品の届出で指摘されるポイント

続いて、機能性表示食品の届出で消費者庁から指摘されるポイントを見ていきましょう。どのような指摘があるのか、3つに大別して解説します。

①エビデンスと表示しようとする機能性が一致していないケース

このケースについては事例で説明します。これは実際にあった内容をもとにしています。

・エビデンス：血圧低下に関する論文で有効性が見られたのは、収縮期血圧のみであった
・届出表示：「血圧を低下する機能が報告されています」と表示
・差し戻し内容：「血圧を低下する機能が報告されています」とありますが、臨床試験の

結果では、収縮期血圧しか有効性が見られません。拡張期血圧を含めた血圧に有効であると消費者に誤認を与える可能性がないかをご確認ください

このように、**エビデンスと届出表示に乖離があると差し戻しにつながります。**この事例の届出表示では、拡張期血圧では有効性が確認されていないにもかかわらず、「血圧を低下する機能が報告されている」と表示することで、「収縮期血圧も拡張期血圧も低下する」と消費者に誤認される可能性があります。

この問題を解決するには、表示しようとする機能性を「血圧（収縮期血圧）を低下する機能が報告されています」とすれば、届出表示とエビデンスが一致します。

本来謳いたい表現が反映されているわけではありませんが、届出受理のためにはエビデンスに沿った表現への修正が避けられない場合もあります。妥協して届出表示を変更するかどうかを検討しましょう。

②届出資料にケアレスミスや修正可能な不備があるケース

これは最も対応しやすいケースです。仮に指摘されても、差し戻しを受けた届出資料の

修正だけで解決されることがほとんどです。もちろん、ケアレスミスをなくすことが理想ですが、ケアレスミスだけで済んだと切り替えて、再届出を早々に実施しましょう。

商品の販売開始予定日までのスケジュールを立てるときは、差し戻しを受ける可能性を踏まえ、余裕を持った日程にすることをおすすめします。結果として想定したスケジュールより早く受理されることもありますが、受理時点からスケジュールを調整して、販売開始を早められないかを検討するなどフレキシブルに対応したほうが無難です。

③届出したい内容に対してエビデンスが不足しているケース

このケースが最も厳しい状況です。考えられることとしては、機能性エビデンスに問題がある、安全性情報に関するエビデンスが不足している、機能性関与成分の同等性が適切に説明できないなど、届出資料のまとめ方に問題があるわけではなく、そもそもエビデンスに不備（情報収集フェーズで問題）があることが想定されます。したがって、現時点のエビデンスだけでは届出が受理されない可能性があります。

消費者庁からは、「表示しようとする機能性について、科学的根拠に基づく適切な記載であるかを確認のうえ、届出の是非を確認してください」といった差し戻しを受けます。

しかしながら、どのような対応をすればよいか見当もつきません。このような場合は、消費者庁に直接問い合わせてみることをおすすめします。

問い合わせをすると、「届出資料の記載では、ガイドラインに適していない被験者が含まれている恐れがあります」などの回答をもらえることがあります。問題点がはっきりしたら、採用論文の被験者が適切であるかどうかを再度チェックして、指摘の原因究明にあたります。

ここで2つの道筋が見えてきます。ひとつは届出資料に記載された内容が不十分であり、誤認を与えるものであった場合です。このケースでは、誰もがわかるように補足説明を追加して対応すれば、届出受理のルートに再度乗せることができます。

具体的な事例を挙げます。たとえば、被験者が「40歳以上」を対象としなければならない認知機能の届出において、被験者の背景情報に「43歳±6歳の健常者30名を対象とした」と記載したとします。この背景情報だけを見ると、「30代の人も含まれているのでは」という疑義につながる恐れがあります。高齢者が多く含まれるなどバラつきが大きい場合は、標準偏差も大きくなるため、平均値から標準偏差（バラツキ）を引いた年齢が実際の年齢を下回ってしまうことがあります。

このような指摘を防ぐためには、「40歳以上65歳未満の健常者30名を対象とした」と記載を修正し、ガイドラインに沿った正しい被験者が含まれていると説明できれば、指摘への対応は完了となるでしょう。

一方、そう簡単に済まないケースも存在します。たとえば、認知機能の届出で、「30代の被験者が実際に含まれていた」ときは、記載を修正するだけで解決できる問題ではありません。最悪の場合、新たな臨床試験のエビデンスが必要となるかもしれません。このようなネガティブケースに発展する原因はいくつかあります。

・ガイドラインの規定通りにエビデンスが取得されていない場合
・ガイドラインに明確な規定がないものの、エビデンスがガイドラインを満たしていないと判断された場合
・届出表示が医薬品的な効能効果や健康の維持および増進の範囲を超えた、意図的な健康の増強に該当すると判断された場合

たとえば、抗酸化作用は、作用機序に関する表記としては受理されていますが、基本的

に主たる機能性としては認められていません。したがって、抗酸化作用に関するエビデンスがあったとしても、機能性表示食品の届出としては受理されないことになります。

こういった問題に直面しないためにも、次に挙げた対策をおすすめします。

・ガイドライン、関連通知を適切に理解する
・過去の受理実績などの前例を参照して、前例がない届出表示や関与成分を用いた商品での潜在リスクを想定する

機能性表示食品制度のいい点として、他社の届出情報を参考にできることが挙げられます。ガイドライン以外にも、他社の事例、過去の文献、海外の食品表示制度のガイダンスなどに、届出のヒントが隠れていることもあります、過去に受けた差し戻しも、参考情報になりますので、持っている知識と経験を最大限活かして届出を進めていきましょう。

機能性エビデンスのまとめ方

●臨床試験と研究レビュー（SR）

ここからは、重要な届出資料のまとめ方を解説していきます。まずは機能性エビデンスです。機能性エビデンスの取得方法は「臨床試験」と「研究レビュー（SR）」の2つに分けられます。それぞれの特徴や違いを**図表4―4**にまとめました。

臨床試験の論文での届出では、臨床試験で使用された食品でないと使用できません。一方、SRでは、別の商品を用いた臨床試験の論文データも活用することができます。たとえば、サプリメントやドリンク形態で実施した臨床試験のデータを生鮮食品のエビデンスとして使用できます。臨床試験で得られた最終製品の論文を、採用論文とすることも可能です。

ただし、その条件としては「SRに係る成分と最終製品の成分の同等性について考察されている」必要があります。同等性については、PART2でお話した通り、関与成分に

図表4-4■臨床試験と研究レビュー(SR)の比較

	臨床試験	研究レビュー(SR)
資料形式	販売する食品（最終製品）で臨床試験を実施し、査読付き論文を届出資料として提出する	関与成分の機能性に関する査読付き論文について、検索・スクリーニング・評価を行い、取りまとめた報告書として提出する
適用できる製品	原則として、臨床試験を実施した製品以外のエビデンスとしては使用不可（添加物など含め、同等性が確認できる製品は使用可能）	関与成分の同等性が確認できれば、生鮮食品、その他加工食品など、さまざまな製品で使用可能
届出表示	本品には、成分Aが含まれるので、○○の機能があります	本品には成分Aが含まれます。成分Aには○○という機能が報告されています

よって必要な情報が異なります（詳しくは、59ページ**図表2-6**、61ページ**図表2-7**の説明を参照）。

臨床試験の論文で届出する場合は、ひとつの臨床試験につき原則1製品の届出しかできません。一方、SRを用いた届出は一度受理されれば、同じSRを用いて別商品で届出することも可能です。このように**SRのほうが資料としての汎用性が高いため、機能性表示食品の90%以上でSRが用いられています。**

●まずは査読付き論文を見つける

臨床試験かSRかにかかわらず、**とりわけ重要なのは、有効性が見られる査読付き論文があるかどうかに集約されます。** 図表4－5に機能性エビデンスに関する最低条件を挙げました。この条件が満たされていない場合には、届出の要件を満たしていると評価できません。新たな臨床試験を実施する、別の関与成分を使用するなど、抜本的な対策が必要になります。

SRで届出する場合も、結局のところ、エビデンスの担保は臨床試験の論文です。したがって、条件を満

図表4－5■機能性エビデンスに関する最低条件

- ●査読付き論文が1報以上ある
  - →解説論文や査読されていない書誌の報告は不可
- ●表示しようとする機能性に関連する評価指標において、プラセボ群との有意差が見られている
  - →摂取前後での有意差やプラセボ群との有意傾向だけでは不可
- ●対象者が健常者である
  - →軽症者が含まれる場合には、層別解析結果で健常者のみを対象とした場合にプラセボ群との有意差が見られる
- ●関与成分の同等性が確認されている
  - →ほかの関与成分による影響を否定できる
- ●複数の論文がある場合、過半数以上で有効性が認められている
  - →過半数に満たない場合は、総合的に有効と判断した理由が適切に説明されている
- ●届出する製品の1日摂取目安量でプラセボ群との有意差が得られている
  - →臨床試験の摂取量が10mgで、製品の1日摂取目安量が5mgの場合には、有効性が認められるとは言えない

たした臨床試験の論文がなければ、届出はできません。とにかく、まずは条件に合った査読付き論文を見つけることが重要です。

適切な機能性論文の見つけ方

●エビデンス調査で使用する論文データベース

自社で臨床試験を実施していない場合は、必然的にSRで届出することとなりますが、いきなりSRを作成しようとしても、肯定的な結果が得られるかわかりません。

そのため、SRを実施する前に、まずは届出したい関与成分に関する臨床試験の論文があるかを調べるエビデンス調査を実施するとよいでしょう。エビデンス調査を行うことにより、SRを作成したけれど、ガイドラインに適した基準は満たしていませんでしたという事態を防ぐことができます。

エビデンス調査では、英語と日本語の論文データベースを用いた論文探索を行います。

よく使用される論文データベースは次の通りです。

・英語：PubMedやCochrane Library、Chemical Abstracts、Google scholar

・日本語：医中誌Web、JDream III、CiNii Research

機能性表示食品の届出では、これらのデータベースから英語ひとつ、日本語ひとつを使用していればOKですが、エビデンス調査の段階では少しでもデータベース数を増やして、調査対象の論文を増やしたほうが、該当論文が見つかる可能性が高まります。

●適切な論文を見つけるためのキーワード検索

各データベースでは次のキーワードを組み合わせて論文を探します。

・関与成分に関するキーワード

（植物名［一般名および学名］、関与成分名［平仮名および片仮名表記］など）

・研究目的に関するキーワード

（機能性に関連する文言：血圧であれば血圧、高血圧、正常高値血圧、血圧値など）

・臨床試験に関するキーワード

（臨床試験、臨床テスト、ランダム化比較試験、ランダム割付、二重盲検、一重盲検など）

これらのキーワード（英語も日本語と同様）を組み合わせて、目的に関連する論文を網羅的に調査します。当然ながらキーワード数を増やせば増やすほど、論文数は増加します。さらに、組み合わせるキーワードを「ＯＲ」で括ると（例：「血圧ＯＲ血糖」で検索すると血圧と血糖両方の論文が抽出される）論文数は増えますが、目的に関係ない論文も増えてしまいます。一方、関連しそうなキーワードを「ＡＮＤ」で絞ると（例：「臨床試験ＡＮＤランダム化」で検索するとランダム化された臨床試験が抽出される）目的に一致する論文が該当する可能性は高くなりますが、論文数は減ります。

「ＡＮＤ」で絞り込んだ結果、目的に合致する論文が見つかれば効率はいいのですが、そういったケースは稀です。論文によっては、一見関係ないキーワードを使用しないと見つからない場合もあります。また、同じキーワードでも、データベースによって抽出される論文が異なるため、論文が見つからない場合は使用するデータベースを増やすことも、手段のひとつです。

人海戦術に近く効率は悪くなりますが、まずは広く調査するのが一番でしょう。調査段階は、コストパフォーマンスを上げることが目的ではありません。キーワードを絞り込み過ぎて論文が抽出されないよりは、手間がかかっても適切な論文が見つかるほうが望ましいはずです。広範囲を調査した結果、論文が見つからなかったとしても、別の関与成分を調査する、臨床試験の実施を検討するなど、次の対策が立てやすくなります。

機能性エビデンスの届出資料のまとめ方

●食品原料メーカーが提供するSRの活用

次は、届出資料の作成方法・まとめ方を見ていきます。機能性表示食品のガイドラインには届出資料の様式がありますので、決められた様式を用いる必要があります。

また、臨床試験論文もしくはSRに関する届出については、ガイドラインとは別に指針が定められています。臨床試験では「ＣＯＮＳＯＲＴ声明」という指針に沿って論文を作成する必要があり、ＳＲでは「ＰＲＩＳＭＡ声明」という指針に沿って資料を作成する必要があります。

本書では、ＳＲの具体的な作成方法などは解説しませんが、指針に沿っていない届出資料については指摘を受ける恐れがありますので、社内で作成できない場合は専門機関に外注する、社内で作成する場合も外部機関で事前にチェックしてもらうことで、消費者庁からの差し戻しリスクを減らすことができます。

ここまで、自社で機能性エビデンスを揃える観点からお話をしてきましたが、必ずしも自社で機能性エビデンスを揃えなければいけないわけではありません。

食品原料メーカーのなかには、独自にＳＲを作成して原料を購入した事業者に提供しているところがあります。届出が多い事例としては、ＧＡＢＡや難消化性デキストリンなどが挙げられます。提供されるＳＲは受理実績のあることがほとんどですので、提供された届出資料を使用すれば、高い確率で受理されるでしょう。

一般的に、食品原料メーカーからＳＲの提供を受けるときは、そのメーカーの原料以外を使用して届出しないことが条件となり、契約書や覚書の締結が必要となります。安い原料を見つけてきて勝手に届出されてしまうことを避けるためにも、このような対応は当然と言えるでしょう。

自社原料を多く使用してもらうために、機能性エビデンスに加え、安全性情報や作用機序情報も提供しながら、届出のサポートをしている原料メーカーが増えてきており、機能性表示食品に初めて取り組む事業者にとっては、参入しやすい環境が整ってきています。

●農研機構では農林水産物のSRを無償提供

また、国立研究開発法人農業・食品産業技術総合研究機構（通称：農研機構）では、機能性を持つ農林水産物に関するSRを複数提供していて、使用許可の申請をするとSRを無償提供してもらえます。農林畜産業や水産業を営む事業者にとっては、とてもありがたい仕組みになっており、自社でSRが作成できないときは活用するとよいでしょう。

たとえば、魚に含まれるEPA、DHA、大豆に含まれる大豆イソフラボン、鶏肉などに含まれるイミダゾールジペプチドなどがあるので、これらの食品を取り扱っている事業者の方はうまく活用すると、開発費用を抑えることができます。

作用機序の情報収集とまとめ方

●作用機序に関する資料の作成

続いて、作用機序について見ていきます。PART2でも解説しましたが、機能性表示食品の届出では、届出表示にかかわる作用機序について、in vitro 試験および in vivo 試験、または臨床試験により考察されている必要があります。

一方、**作用機序をどのような手順で示すかについては、機能性表示食品のガイドラインに具体的な規定はなく、事業者によって異なっていても問題はありません。**作用機序に関する資料を作成するときのコツは、次の通りです。

①機能性エビデンス論文の考察に記載されている作用機序を確認する
②①の論文で使用されている参考文献を確認する
③②の論文で使用されている参考文献を確認する（以下、同じ）
④学術データベース（PubMedや医中誌Webなど）で関連するキーワード（関与成分、

機能性）を組み合わせて、関連論文を探索する

①～④のステップを繰り返すことで、作用機序を考察するための参考論文が見つかる可能性が高くなります。それでも作用機序に関する論文が確認できない場合は、作用機序に関するエビデンスが不足している恐れがあるので、新たな試験の実施を検討しなければなりません。

一般的に、臨床試験の論文において作用機序がまったく記載されていないケースは少ないので、**まずは臨床試験の論文で作用機序をどのように考察しているかを確認することが重要**です。

●作用機序に関する試験の実施

もちろん、臨床試験の論文がない段階では、作用機序に関する論文も出ていない可能性が高くなるので、作用機序に関する試験の実施を検討する必要があります。

たとえば、血糖値の上昇抑制機能であれば、α－グルコシダーゼ阻害作用（二糖類を単糖に分解する酵素の働きを抑える作用）の有無を調べる、血圧低下機能であれば、ACE阻害作用（血圧を上げる作用のあるホルモンを作る酵素の働きを抑える作用）や血流改善作用を調べるといった具合です。

なお、論文化されていない社内情報を使用することも可能ですが、査読付き論文が1報もない場合には信頼性が高いとは言えません。届出表示に関する作用機序が査読付き論文などで報告されていることが望まれます。

臨床試験を新たに実施する必要があるのであれば、作用機序に関する評価項目を入れておくことで、臨床試験のエビデンスと作用機序のデータを両方とも取得でき、費用や期間を抑えることができます。

安全性情報のポイント

●安全性は機能性と並び重要なエビデンス

機能性と並び重要なエビデンスは安全性です。機能性表示食品はあくまで食品ですので、毎日食べても健康上問題のない成分でなければ届出することはできません。

たとえば、独立行政法人国民生活センターの発表情報によれば、プエラリア・ミリフィカという成分を含む健康食品は、消費者からの健康被害（消化器障害や月経不順、不正出血など）が5年間（2012年4月〜2017年3月）で209件もあったそうです。プエラリア・ミリフィカは、「豊胸効果がある」と謳うなど、薬機法や健康増進法に違反する広告が多く、問題のある成分の代表格のような存在となっています。このような成分は、機能性表示食品の関与成分として安全性があると説明することは難しく、現に2023年6月時点では届出された製品がありません。

●最も重視される情報は喫食実績

では、安全性が確認できていることを説明するには、どのような情報が必要なのでしょうか。**図表4−6**のフローチャートを使って説明します。4つの評価のうち情報として最も重視されているのは、最終製品もしくは原料を用いた喫食実績です。適切な喫食実績があれば、それ以外のデータベースの調査や論文調査などは必要ないとされています。

適切な喫食実績については、ガイドラインで次のように示されています。

図表4-6■安全性情報のフローチャート

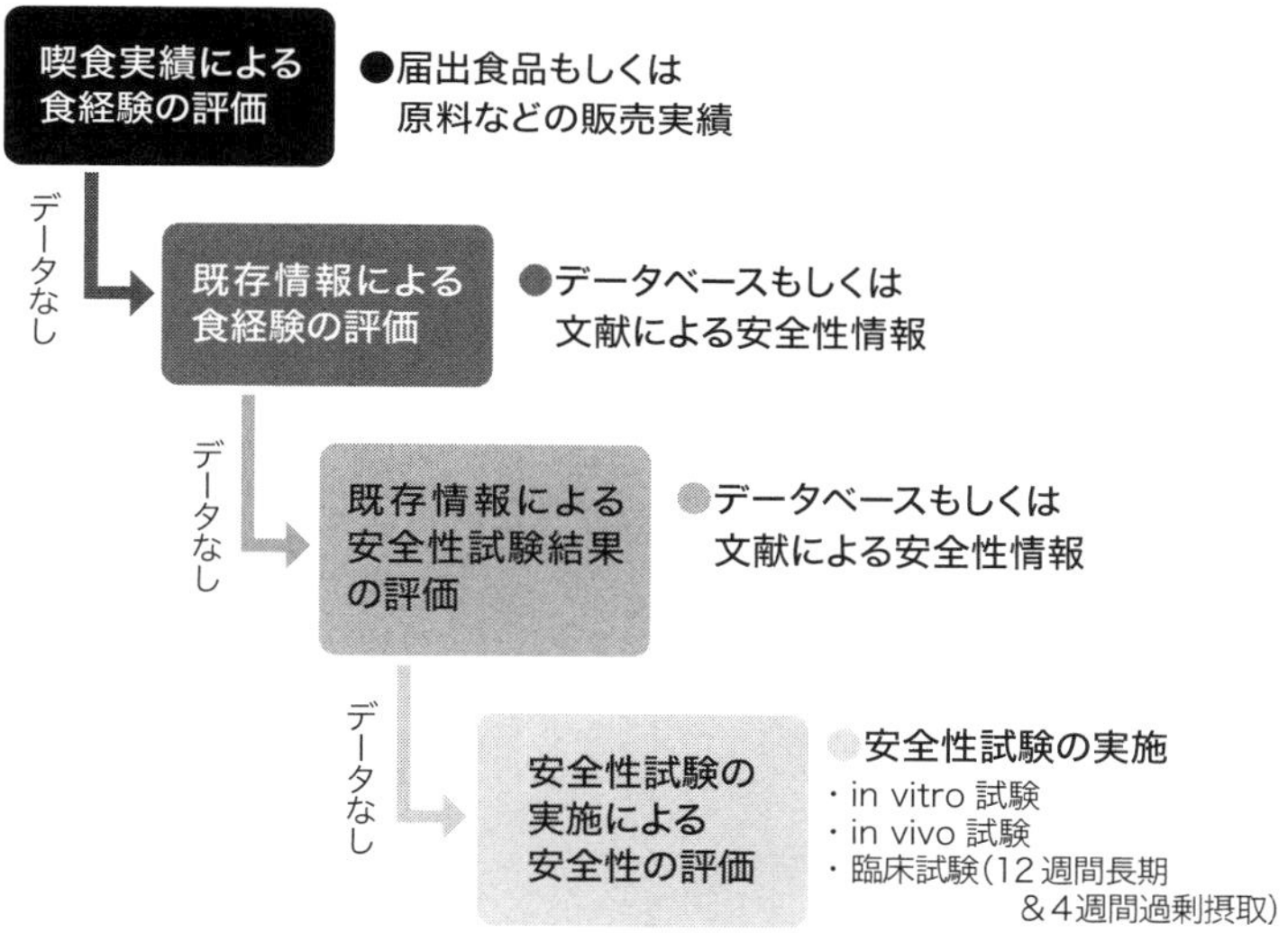

・全国規模で、機能性を表示する食品の摂取集団より広範囲の摂取集団において、機能性関与成分の一日当たりの摂取目安量を同等量以上含む食品について、一定期間の喫食実績があること

・日本人の食生活・栄養状態、衛生面、経済面等を勘案し、類似の国又は地域で、機能性を表示する食品が想定している摂取集団より広範囲の摂取集団において、機能性関与成分の摂取目安量が同等量以上であり、かつ、一定期間の喫食実績があること

このように日本での安全性情報と海外での安全性情報の評価方法が定められています。実際の届出における具体的な事例は次の通りです。

【喫食実績について、届出食品と類似する食品が日本で食経験を有しているケース】

・摂取集団：日本全国の健康な男女
・摂取形状：加工食品（錠剤もしくはカプセル剤）
・摂取方法：加工食品としてそのまま摂取
・摂取頻度：毎日摂取
・機能性関与成分の含有量：１日摂取目安量と同等量含有
・販売期間：２０１５年～現在
・販売量：累計99万食分以上
・健康被害情報：現在までに健康被害の報告なし

【喫食実績について、届出食品が海外で食経験を有しているケース】

・摂取集団：米国の健康な男女
・摂取形状：加工食品（サプリメント形状）
・機能性関与成分の含有量：１日摂取目安量と同等量含有

・販売期間：２０１８年～現在
・販売量：累計15万食分以上
・健康被害情報：現在までに健康被害の報告なし

喫食実績がある食品では、届出する食品もしくは類似する食品で、累計10万食以上、数年間の販売期間を有していることがわかります。喫食実績に関するエビデンスとして、この事例と同等以上の実績があるかどうかをひとつの目安とするのもよいでしょう。

●喫食実績がない食品の場合

では、喫食実績がない食品はどうすればよいのでしょうか。図表4−6のフローチャートの上から2、3番目のステップを見てください。既存情報による食経験の評価、もしくは安全性試験結果の評価（二次情報もしくは一次情報の調査）を行う必要があります。既存情報として使用できる二次情報として、公的機関が公表しているデータベースや民間・研究者が調査・作成したデータベースがあります。安全性で一般に広く使用されるデータベースは次の3つです。

①国立研究開発法人医薬基盤・健康・栄養研究所：「健康食品」の安全性・有効性情報
②一般社団法人日本健康食品・サプリメント情報センター：健康食品・サプリ［成分］のすべて（ナチュラルメディシン・データベース）
③Therapeutic Research Faculty：NatMed Pro（旧Natural Medicines Comprehensive Database）（英語のみ）

①は無料で使用でき、公的機関による情報となります。残りは民間機関によるデータベースです。③は英語のサイトで、薬学、医学、生化学などに関連する学術分野の専門家が精査した情報が載せられています。

②は③の日本語版で、書籍版のほかに、法人限定でオンライン版も利用できます。これらのデータベースに関与成分の安全性情報が載せられていないかをチェックします。

なお、既存情報として収集しなければならない安全性情報としては、届出食品の1日摂取目安量に対して「サプリメント形状の加工食品は5倍量、その他加工食品及び生鮮食品は3倍量までの健康被害情報を確認する」とされています。

では、データベースの安全性情報としてはどのようなものがあるでしょうか。受理された製品の事例を挙げておきます（この事例における1日摂取目安量は6mgです）。

・食品に含まれる量であればおそらく安全である
・食べ物から摂取する量なら、安全です
・健康食品・サプリメントとしての経口摂取はおそらく安全です。1日4～40mg、12週間までの摂取であれば、安全に使用されています

データベースの情報より、既存情報における食経験もしくは安全性試験結果において、1日摂取目安量6mgの5倍以上の量で安全性が確認されているので、「安全性情報として問題なし」と評価できます。

二次情報にデータがない場合は、一次情報（文献）を調べます。ただし、一次情報については、特定のデータベースが指定されているわけではありません。PubMedや医中誌Webなどを用いて、関与成分の安全性に関する論文を探索し、得られた情報を届出資料中に記載します。

●安全性試験の実施

安全性情報のフローチャートにおいて、喫食実績や二次情報、一次情報で安全性が確認できない場合は、安全性試験を実施することとなります。安全性試験で必要とされるデータは次の通りです。

・in vitro 試験および in vivo 試験：単回投与毒性試験、反復経口投与毒性試験（90日以上）、in vitro 遺伝毒性試験などを行い、その結果で判断できない場合には長期毒性試験、in vivo 遺伝毒性試験などを実施し評価する

・in vitro 遺伝毒性試験：標準的組み合わせとして「微生物を用いる復帰突然変異試験」「哺乳類培養細胞を用いる染色体異常試験」および「げっ歯類を用いる小核試験」において評価する

・臨床試験：「過剰摂取試験（サプリメント形状：5倍量、その他加工食品：3倍量）」ならびに「長期摂取試験（12週間以上）」において安全性を確認する

これらすべてをイチから実施した場合には、数千万円の費用がかかるでしょう。安全性情報のエビデンス取得にかかる費用は、安全性試験を実施する場合が突出して高くなって

います。喫食実績や既存情報があれば安全性試験は不要となりますので、機能性表示食品の販売に先行して、いわゆる健康食品として販売して喫食実績を作るといった対応をしている企業もあります。安全性試験がなくても安全であると説明できるようにエビデンスを揃えることも重要です。

●医薬品との相互作用

残る安全性情報として、関与成分と医薬品の相互作用について取りまとめる必要があります。関与成分が2つ以上の場合は、関与成分同士の相互作用も確認する必要がありますが、医薬品との相互作用が見られるケースのほうが圧倒的に多いので、ここでは医薬品との相互作用に絞ってお話しします。

まず、先ほど挙げた安全性情報のデータベースなどを用いて、医薬品との相互作用を調べます。ここでのポイントは、医薬品との相互作用が報告されている場合にどのように対応するかです。医薬品との相互作用がある場合でも、機能性表示食品を販売することの適切性に問題ないことを科学的に説明しなければなりません。

ここでは、仮に降圧薬とインスリン製剤に相互作用があることが判明した場合における届出資料の記載事例を挙げておきます。

・本品を適切に摂取した場合に医薬品との併用による相互作用が起こる可能性は低いと考える

・ただし、降圧薬およびインスリンとの相互作用については、本品との併用によって降圧作用およびインスリン作用（血糖低下作用）が増強されてしまう可能性が考えられるため、注意喚起として「高血圧治療薬（降圧薬）、インスリンのお薬をご使用中の方は医師、薬剤師に相談してください」と当該製品に表記した（併せて表示見本［パッケージ見本］にも同じ文言を記載します）

・以上の通り、医薬品との相互作用を防ぐための策を講じている。これにより医薬品との併用による健康被害を防止できると考え、本品を発売することに問題はないと判断した

このように、医薬品との相互作用が見られる場合でも、健康被害を未然に防ぐために対策している旨を記載して、安全性情報に関する評価が完了します。

●脂質、糖質、塩分が多い食材は要注意

安全性情報と一緒に覚えておきたいのが、**脂質や糖質、塩分が多い食材は機能性表示食品として使用できない**ということです。

たとえば、血圧を低下する機能性表示食品に1日の摂取目標に近い量の塩分が入っていても問題ないでしょうか。食後の血糖値の上昇を抑える製品に糖分が多量に含まれていたり、体脂肪を低減する製品に脂質が多量に入っていたりしたら……。食品中の関与成分が機能性を発揮したとしても、それを相殺する量の脂質や塩分が含まれてしまうと、その商品価値が適切に評価できません。このような背景から、脂質、飽和脂肪酸、コレステロール、ナトリウム（塩分）、糖類（単糖類もしくは二糖類）が多量に含まれる製品は、機能性表示食品として販売することができません。

食塩相当量はナトリウム量として換算でき、糖類は炭水化物に分類されるため、脂質、炭水化物、食塩相当量に気をつけなければならないということになります。

補足説明として、炭水化物と糖質、糖類の関係性を**図表4−7**で説明していますので、糖質や糖類の位置付けがわからなくなったときに確認してください。

糖質や脂質は、特に生鮮食品における含有量に注意しなければなりません。生鮮食品ではサプリメントなどと違い、関与成分の含有量が比較的少ないため、1日摂取目安量が増えます。

添加物には脂質や炭水化物はほとんど含まれませんが、青果や水産物には脂質や炭水化物が豊富に含まれます。それ自体は決して悪いことではありませんが、関与成分量を増やすと、脂質や炭水化物の摂取量も増えてしまうので、生鮮食品では1日摂取目安量の設定に苦労することがあります。

さて、これらの栄養素は製品中にどの程度含まれていると過剰摂取に

図表4-7■炭水化物の分類

炭水化物	糖質	糖類 単糖類	ぶどう糖、果糖、ガラクトースなど
		糖類 二糖類	砂糖、乳糖、麦芽糖など
		少糖類	オリゴ糖 （ガラクトオリゴ糖、乳糖果糖オリゴ糖など）
		多糖類	でんぷん、デキストリンなど
		糖アルコール	キシリトール、ソルビトール
		その他	アスパルテーム、アセスルファムK、 ステビアなど
	食物繊維	水溶性	難消化デキストリン、イソマルトデキストリンなど
		不溶性	セルロース、ヘミセルロースなど

出典：国立研究開発法人医薬基盤・健康・栄養研究所「炭水化物と糖類について」をもとに作成

つながるのでしょうか。これまで受理された製品の事例では、炭水化物が27g含まれている製品、脂質が27g含まれている製品、食塩相当量として2・5g含まれている製品が確認されています。これらの量を上回る製品については、過剰摂取につながる恐れが否定できないため、1日摂取目安量を減らすなど、製品規格を見直すことをおすすめします。

製造・分析に関する情報をまとめる

●成分分析は第三者機関で実施する必要がある

次は、製造・分析に関する情報です。機能性表示食品では安全性確保のため、**図表4－**

1の③の資料として次の5つが必要です。

1　製造および品質管理に関する情報
2　製品規格
3　食品の分析に関する情報

4　分析結果報告書

5　分析に関する手順書

このうち、1と2に関する資料については、書類作成がさほど難しくないため、割愛します。届出において注意しなければいけないのは、3以降の成分分析に関する情報です。

まず、**成分分析は第三者機関で実施する必要があります。**合理的な理由がある場合は、届出者自ら分析をすることも可能ですが、現在の機能性表示食品では、事後チェックとして、第三者が測定できることを前提条件として設計されており、分析方法も公開されます。したがって、自社でしか測定できないことは制度上好ましくありません。ちなみに、第三者に依頼する費用がないということは合理的な理由とは認められません。

分析に関する注意点として、分析方法の手順書を提出しなければなりません。手順書は原則として、その妥当性が検証されている必要があります。測定されるたびに分析値が異なってしまっては、制度の信頼性に大きく影響してしまいます。

すでに受理されている成分や公知の関与成分であれば、公開された分析方法を参考にすることも可能です。一方、いままでに届出されていない新規成分の場合は、妥当性および再現性の確保のために、新たに分析方法を確立する期間が必要です。**数か月かかることもあるので、機能性表示食品を目指す場合は、早めに関与成分の分析が実施できる体制を整えておくことが大事です。**

●どの植物に由来するかを定性分析で説明する

分析結果については、PART２でもお話した通り、植物によって構造が異なる成分では、どの植物由来であるかを定性分析で説明しなければなりません。ここで注意しなければいけないのは、「機能性」「安全性」「作用機序」においても同じ成分である、同等性があると説明できることです。

たとえば、販売する商品に含まれる成分が「ぶどう由来アントシアニン」で、機能性と作用機序が確認されたのが「ビルベリー由来アントシアニン」、安全性が確認されたのが「カシス由来アントシアニン」だったとします。このエビデンスをもって、ぶどう由来アントシアニンに機能性と安全性が確認されたとすることはできません。

この事例では、機能性、作用機序、安全性ともにぶどう由来アントシアニンとしてのエビデンスを説明する必要があります。同等性については、届出資料間での整合性が求められます。「分析さえできればＯＫ」とはいきませんので、十分注意しましょう。

表示見本はケアレスミスが特に多い

機能性表示食品の届出で、ケアレスミスが特に多い資料は表示見本（パッケージ見本）です。機能性表示食品は事前届出制であるため、消費者庁に販売する商品の表示見本をあらかじめ提出して、表示内容に問題ないかをチェックしてもらいます。

パッケージの記載事項は、食品表示基準および機能性表示食品のガイドラインで定められており、内容に間違いがあると、差し戻しを受けます。必要な記載事項を**図表4−8**にまとめました。表示見本は非常にミスが多く、「一文字だけ漢字が違う」「句読点がひとつ足りない」といった不備が頻繁に見つかります（全体の30％くらいはミスがあるのではないかと感じています）。

パッケージで重要なのは、まずは定められた事項を記載することです。パッケージを作成する事業者も含め、定型文をコピー&ペーストするように徹底するなど、入力の際に間違いが起きないような仕組みづくりが重要です。

その他、届出表示の一部分を抜粋した表示も指摘を受けることがあります。たとえば、「血圧が高めの方の血圧を低下する機能」において、キャッチフレーズとして「血圧低下!」と記載した場合には指摘を受ける恐れがあります。キャッチフレーズをパッケージに記載する場合は、「届出表示の一部を強調することで、機能性の範囲を逸脱した表示」と誤認されないか、気をつけなければなりません。

ここまでが、届出のポイントになる届出資料の解説になります。その他にも「食品関連事業者に関する情報」「健康被害の情報収集体制に関する資料」などありますが、専門的な知識は必要ないため、作成にそれほど手間や時間がかかることはありません。

どのような事例にも当てはまりますが、知らないこと、わからないことに対しては拒否反応が生じます。しかし、いったん全貌が見えてくると、それも薄まるはずです。

届出が難しいと考えている方でも、資料作成の全容を押さえ、いったんプロセスさえわ

記載（表示）内容
「機能性表示食品」と表示する。
消費者庁長官に届け出た内容を表示する。
1　熱量、たんぱく質、脂質、炭水化物及び食塩相当量の順番に、一日当たりの摂取目安量当たりの量を表示する。
2　1に定める成分以外の栄養成分を表示する場合は、一日当たりの摂取目安量当たりの当該栄養成分の量を、食塩相当量の次に表示する。
消費者庁長官に届け出た内容を、栄養成分の量の次に表示する。
消費者庁長官に届け出た内容を表示する。
消費者庁長官への届出により付与された届出番号を表示する。 （届出時点では「〇〇〇〇」などと記載）
食品関連事業者のうち表示内容に責任を有する者の電話番号を表示する。
「本品は、事業者の責任において特定の保健の目的が期待できる旨を表示するものとして、消費者庁長官に届出されたものです。ただし、特定保健用食品と異なり、消費者庁長官による個別審査を受けたものではありません。」と表示する。（届出表示と同一面）
消費者庁長官に届け出た内容を表示する。
消費者庁長官に届け出た内容を表示する。
「食生活は、主食、主菜、副菜を基本に、食事のバランスを。」と表示する。
消費者庁長官に届け出た内容を表示する。
「本品は、疾病の診断、治療、予防を目的としたものではありません。」と表示する。
「本品は、疾病に罹患している者、未成年者、妊産婦（妊娠を計画している者を含む。）及び授乳婦を対象に開発された食品ではありません。」と表示する。（生鮮食品を除く）
「疾病に罹患している場合は医師に、医薬品を服用している場合は医師、薬剤師に相談してください。」と表示する。
「体調に異変を感じた際は、速やかに摂取を中止し、医師に相談してください。」と表示する。

図表4-8■機能性表示食品の表示見本チェックリスト（食品表示基準を一部改変）

項　目
機能性表示食品である旨
科学的根拠を有する機能性関与成分及び当該成分又は当該成分を含有する食品が有する機能性（届出表示）
栄養成分の量及び熱量
一日当たりの摂取目安量当たりの機能性関与成分の含有量
一日当たりの摂取目安量
届出番号
食品関連事業者の連絡先
機能性及び安全性について国による評価を受けたものではない旨
摂取の方法
摂取をする上での注意事項
バランスのとれた食生活の普及啓発を図る文言
調理又は保存の方法に関し特に注意を必要とするものにあっては当該注意事項
疾病の診断、治療、予防を目的としたものではない旨
疾病に罹患している者、未成年者、妊産婦（妊娠を計画している者を含む。）及び授乳婦に対し訴求したものではない旨
疾病に罹患している者は医師、医薬品を服用している者は医師、薬剤師に相談した上で摂取すべき旨
体調に異変を感じた際は速やかに摂取を中止し医師に相談すべき旨

かってしまえば、苦手意識が遠のき、開発速度が上がっていきます。実際に、多くの事業者では、1製品目が受理されると、2製品目の開発期間は短縮されています。

機能性表示食品の開発費用はいくらかかる？

●開発費用を抑制する方法

ここまで機能性表示食品の届出に関して、フェーズごとのポイントと各資料の作成方法を解説してきました。本章の最後に、機能性表示食品の1製品当たりの開発費用がどの程度かかるのかを見ていきます。トクホの開発では、3分の1以上の企業が4000万円以上かかったというデータを出しました。機能性表示食品はトクホと比較してどれだけ開発費用が抑えられるのでしょうか。

機能性表示食品で必要な費用としては、まず関与成分の分析費用が挙げられます。これは、原則すべての製品において発生します（同一製品の届出を除く）。第三者機関で関与成分を分析する際の費用は、関与成分によっても異なりますが、数万円で分析できるケースが多く、かかったとしても数十万円です。大きな負担にはならないでしょう。

届出において、外注が必要な資料は成分分析のみです。ただし、SRや作用機序の資料などは自社ですべて揃えようとすると、専門的な知識や資料作成のノウハウが必要です。自社で資料を揃えることが難しい場合は、原料メーカーがSRを提供している原料を使用することで、機能性エビデンスや安全性資料、作用機序資料を作成するための費用を大幅にカットできます。SR作成費用は農研機構のデータを使用することでも削減可能です。

また、青森県では、県内事業者を対象に複数のSRを無償提供しています。このような都道府県や自治体によるサポート事業、その他、助成金や補助金など、開発コストを抑制する手法がないかを調べてみるのもよいでしょう。

●届出にかかる費用の概算

届出にかかる大まかな費用を**図表4-9**にまとめました（費用は変動しますので、実際にかかる費用は見積もりを取って確認してください）。ちなみに、消費者庁への届出費用は無料です（トクホの場合は、決められた申請手数料が発生します）。また、届出資料に差し戻しがあった場合の再届出費用も発生しません。したがって、商品数を数十、数百と増やしたい場合でも、届出費用を心配する必要はありません。

機能性表示食品の届出にかかる費用は、成分分析だけが最低限必要な費用となり、安く済ませようとすれば、数万円ですべての資料を準備することも可能です。これに加えて、SRの作成やその他資料の外注費を追加していくことになりますが、外注したほうがコストはかかっても、より早く届出ができる可能性は高くなります。どれだけの開発費用と期間が許容できるかを検討して、製品ごとに予算や開発期間を設定し、その枠内で開発していきましょう。

●外部機関に依頼する際の注意点

外注する際の注意点がひとつあります。外部機関によっては最新の行政動向を把握していない、製品ごとにSRの費用がかかる、差し戻しを受けた場合に追加費用が発生するなど、ノウハウや費用面での条件が異なっています。外部機関に依頼する際は、過去の届出実績やフォローアップ業務をどこまで対応してもらえるかなどを事前に確認しておくこと

図表4-9■届出にかかる費用

【届出費用】

消費者庁への届出にかかる費用	無料
事前確認団体のチェックを受ける費用	20～100万円程度 (チェック内容によって異なる)

【届出資料作成費用】

機能性について①：臨床試験の実施	通常1,000万円以上(表示しようとする機能性などによって変動)
機能性について②：研究レビューの実施	外注した場合150～200万円程度
機能性について③：研究レビューが準備された原料を使用	原料費のみ
機能性について④：研究レビューが公開された成分を使用	無料
安全性について①：安全性試験の実施	数百万円～数千万円
安全性について②：エビデンスがあり、資料作成のみ外注	10～30万円程度
安全性について③：エビデンスが準備された原料を使用	原料費のみ
成分分析について：成分分析の実施	5～30万円程度(関与成分や分析機関によって異なる)
表示見本について：作成を外注	数万～数十万円
その他：届出資料の作成もしくは事前確認を外注	30～70万円程度

で、届出後にトラブルが起きるリスクを減らせます。

届出で最も問題となるのは、「届出にどれくらいの費用・期間がかかるのか」「届出が受理されないリスクがどのくらいあるのか」「どのようなケースで開発を中止するのか」という判断基準を持たずに進めてしまうことです。無計画に開発を進めると、本来求めていた方向に行かず、予算も期間も浪費してしまう危険性があります。

また、2023年6月には機能性表示食品の広告およびSR内容に措置命令が出ました。広告はまだしもSRの内容に問題があるとみなされたケースはそれまでなかったので、業界に大きな衝撃を与えました。届出が受理されたからといって、SRに問題ないと判断できないことが明らかとなったのです。こういった届出受理後のリスクも踏まえ、届出資料を作成する際には、より一層の注意を払わなければなりません。

以上のまとめとして、商品開発では全体プロセスを可視化しつつ、問題が起きたときに迅速に対処できるようリスク管理をしながら進めるようにしましょう。

PART 5

認知度と商品価値を高める広告戦略

健康食品マーケティング3・0時代の広告表現

健康食品の広告戦略を考えるときに開発までのステップを無視することはできません。商品ができ上がってしまえば、広告できる内容はほぼ決まります。そのため、本書でも開発までのステップにページを割いてきました。ここからは広告宣伝を含め、販売にかかわる戦略を解説していきます。

皆さんは健康食品の広告で、どのようなことを謳いたいでしょうか。「血圧を下げる」「血糖値を下げる」「脂肪を減らす」などの機能でしょうか。

もし機能性を謳うのなら、保健機能食品として販売するしかありません。また、保健機能食品のうち栄養機能食品と機能性表示食品では表示できる内容が大きく異なります。制度の違いを踏まえたうえで、それぞれの枠組でどのように広告していくかを決めることが重要です。**図表5－1**に化粧品、食品、医薬品で広告表示できる内容を示しましたので、参考にしてみてください。

図表 5-1 ■化粧品・食品・医薬品で広告表示できる内容

健康以上 （化粧品の範疇で、食品では表示できない）	**【化粧品】** ・肌のキメを整える ・肌にツヤを与える ・日やけによるシミ、ソバカスを防ぐ ・毛髪にはり、こしを与える
健康な方が対象 （食品で表示できる）	**【機能性表示食品／特定保健用食品（トクホ）】** ・運動中の脂肪の燃焼を高める機能 ・肌の水分量と肌の弾力を維持することで、肌の健康に役立つ機能 ・（高めの）血圧を低下する機能 ・食事から摂取した糖や脂肪の吸収を抑え、食後の血中中性脂肪や血糖値の上昇を抑制する機能 ・食後の胃の負担をやわらげる機能 ・腸内環境を改善し、腸の調子を整える機能 ・膝関節の曲げ伸ばしを助ける機能 ・睡眠の質の向上（寝つきの向上、起床時の満足感）に役立つ機能 ・一時的・心理的なストレスを低減する機能 ・加齢に伴い低下する、認知機能の一部である記憶力や判断力・注意力を維持する機能 ・尿酸値が高め（尿酸値6.0～7.0mg/dL）の方の尿酸値を下げる機能 ・花粉、ホコリ、ハウスダストなどによる目・鼻の不快感を軽減する機能 **【栄養機能食品】** ・ビタミンCは、皮膚や粘膜の健康維持を助けるとともに、抗酸化作用を持つ栄養素です。 ・ビタミンAは、夜間の視力の維持を助ける栄養素です。ビタミンAは、皮膚や粘膜の健康維持を助ける栄養素です。 **【いわゆる健康食品】** ・働き盛りの方の栄養補給に ・スポーツをする方の栄養源に ・食事が不規則な方の栄養補給に
疾病に罹患している方が対象 （医薬品の範囲）	**【医薬品】** ・胃痛、食欲不振（食欲減退）、胃部・腹部膨満感、消化不良、食べ過ぎ（過食）に効く ・じんましん、湿疹、かゆみを抑える ・かぜの諸症状（のどの痛み、鼻水、鼻づまり、くしゃみ、発熱、頭痛、筋肉の痛み）を緩和

これまでのようなイメージ広告は通用しない

健康食品の広告でよく使用されてきた方法がイメージ広告です。たとえば、「太った男の人のイラスト＋燃焼力UPというキャッチフレーズ」を載せ、痩身効果が得られるように見せたり、「筋肉質の男性の写真＋たるんだボディに！」という文字で筋肉を鍛えられるような表現をしてみたり、「赤ちゃんとお母さんの写真＋授かりました。妊活サポート」といった表現です。事例を挙げると枚挙にいとまがありません。

一見、効果を訴求していないかのように見せつつ、全体的なイラストや広告で「ダイエット用だな」「妊活にいいかも」「目に効果がありそう」といったように見せることが重要だったわけです。

しかし、3・0時代に入り、そのような手法に対する取り締まりは一層厳しくなってきました。たとえ、「血圧を下げます」「脂肪を減らします」といった表示をしなくても、イ

メージ広告により広告全体から効果が暗示される場合には違反とされ、措置命令を受けるケースが続出しています。

消費者庁が示す違反広告に対する指摘事例として、2つ挙げます。

・「空腹時または食後の値が気になる」「お酒や甘い物の制限が辛い」といった悩みを有する者に対し、「そんな方には、○○茶」との文言などを記載することにより、一般消費者に対し、本商品を摂取することによる糖尿病の改善効果を訴求するものである

・「お腹のブヨブヨも気になるんだけど、やっぱり美味しいものが食べたい！」「食事制限したくない方、運動も苦手という方必見です！」などと記載するとともに、本商品を摂取した者の体験談として「普段の食生活や生活習慣を変えずに、たった1粒飲むだけで、スグに体型に変化が出てきた」などと記載することにより、本商品を摂取するだけで、特段の運動や食事制限をせずに痩身効果が得られるかのように暗示的に表現しているものといえる

いずれもイメージ広告を用いているわけですが、その戦略の根本には、具体的なことは書かないけれど、消費者には何の製品かが伝わるようにするという狙いがあります。

しかしながら、広告を見て消費者がどのような効果を訴求しているかがわかったら、「○○の訴求を暗示している」とみなされ、指摘を受けてしまいます。つまり、3・0時代では、いままでの広告戦略は根本から覆るような仕組みになっているのです。「ではどうすればいいのか？」というのが、いわゆる健康食品で解決すべき課題で、3・0時代を生き抜くための知恵となります。

ここからは「いわゆる健康食品＋栄養機能食品」と「機能性表示食品」に分けて解説していきます。

「いわゆる健康食品＋栄養機能食品」の広告戦略

再三にわたりお伝えしてきた通り、いわゆる健康食品の立場は、現在の日本では非常に弱くなっています。また、栄養機能食品も表示できる文言は決まっているため、差別化を図るためには、何らかの特徴を示さなければなりません。では、広告を出す際にどのようなことを謳えばいいのでしょうか。

●成分の強調表示を活用する

1つめのパターンとしては、「成分の強調表示」があります。栄養成分などを強調して広告するという戦略です。ビタミンやミネラルなどについては、PART1でお伝えしましたが、その他の成分を強調することも可能です。たとえば、「DHAとEPAが1000mg含まれています！」「ルテイン5mg配合」といった表現です。

この手法は、テレビCMで「タウリン1000mg配合！」と謳っていた戦略と同じです。タウリンは、医薬品成分に入るため、食品で強調することはできませんが、食品で使用できる成分であれば、基本的には強調することが可能です。

ここで大切なのは、機能性や有効性がよく知られている成分を強調することです。たとえば、DHAであれば「脳にいい」、GABAであれば「ストレスにいい」、水溶性食物繊維であれば「お通じに有効」、アントシアニンであれば「目によさそう」といった連想ができます。

この戦略では、**「〇〇成分がたくさん含まれている製品です」というだけで消費者が自発的に「この製品は健康にいい」と商品価値を認識してしまう**認知プロセスに基づいています。「Aが多い＝Bの働きがある」という脳内変換が重要で、この認知プロセスの働きがあれば、「Aが多い」と広告するだけでよいのです。

栄養機能食品は、この典型です。消費者は「ビタミンCがたくさん含まれています」と伝えるだけでビタミンCが体に重要だということはわかっているので、栄養機能表示「ビタミンCは、皮膚や粘膜の健康維持を助けるとともに、抗酸化作用を持つ栄養素です」という記載をまじまじと見なくても購入するでしょう。消費者からすると、成分が多く含まれていること自体が購入する基準なのです。

この「誰もが知っている」という安心感こそが、栄養機能食品や成分の強調表示におけるポイントです。機能を謳う必要がないわけですから、これ以上楽なことはありません。

もちろん、実際はそんなに単純な話ではないのですが、原理自体はとてもシンプルで、薬機法や健康増進法に抵触するものでもありません。健康食品の広告で法規違反の心配をしなくてもよいということは、それ自体がメリットです。

一方、まだあまり知られていない成分を強調して、「〇〇が10㎎配合されています」と伝えても、「だから何？」「何に効くの？」というリアクションになってしまい、興味の対象にはなりにくいでしょう。このような成分では、機能性表示食品として機能性を謳っていく戦略を採るほかありません。成分が知られていない場合は、まず機能からアピールして、認知されるまでの時間が必要です。

なお、成分の強調表示については、機能性表示食品よりもいわゆる健康食品のほうが使いやすいという特徴があります。なぜかというと、**機能性表示食品では、関与成分以外の成分を強調することが禁止されている**からです。関与成分がＧＡＢＡだとすると、「ＤＨＡたっぷり」「アントシアニン高含有」といった関与成分以外の成分をアピールすることができません。ビタミンやミネラルなどの栄養強調表示は可能ですが、その他の成分を訴求するのであれば、関与成分として追加するしかありません。

いわゆる健康食品や栄養機能食品であれば、ポリフェノール、ＧＡＢＡ、ルテイン、乳酸菌など、複数の配合成分を強調することが可能です。有名な成分を複数入れて含有量を強調するという戦略は、機能性表示食品にはできない手法として有効なのです。

●ほかの食品と比べてみる

2つめの広告パターンは、ほかの食品と比較する手法です。たとえば、栄養成分を複数含んでいる製品であれば、**図表5-2**のようにコンビニエンスストアで朝食を揃える場合と比較して見せる方法があります。

この広告で伝えたいことは、「コンビニで朝食を揃えるよりも栄養がたっぷり摂れて、値段もお得」です。自社の強みを身近にある事例と比較することで、その商品の価値が相対的に理解しやすくなります。前述した「アンカリング効

図表5-2■比較広告の具体例

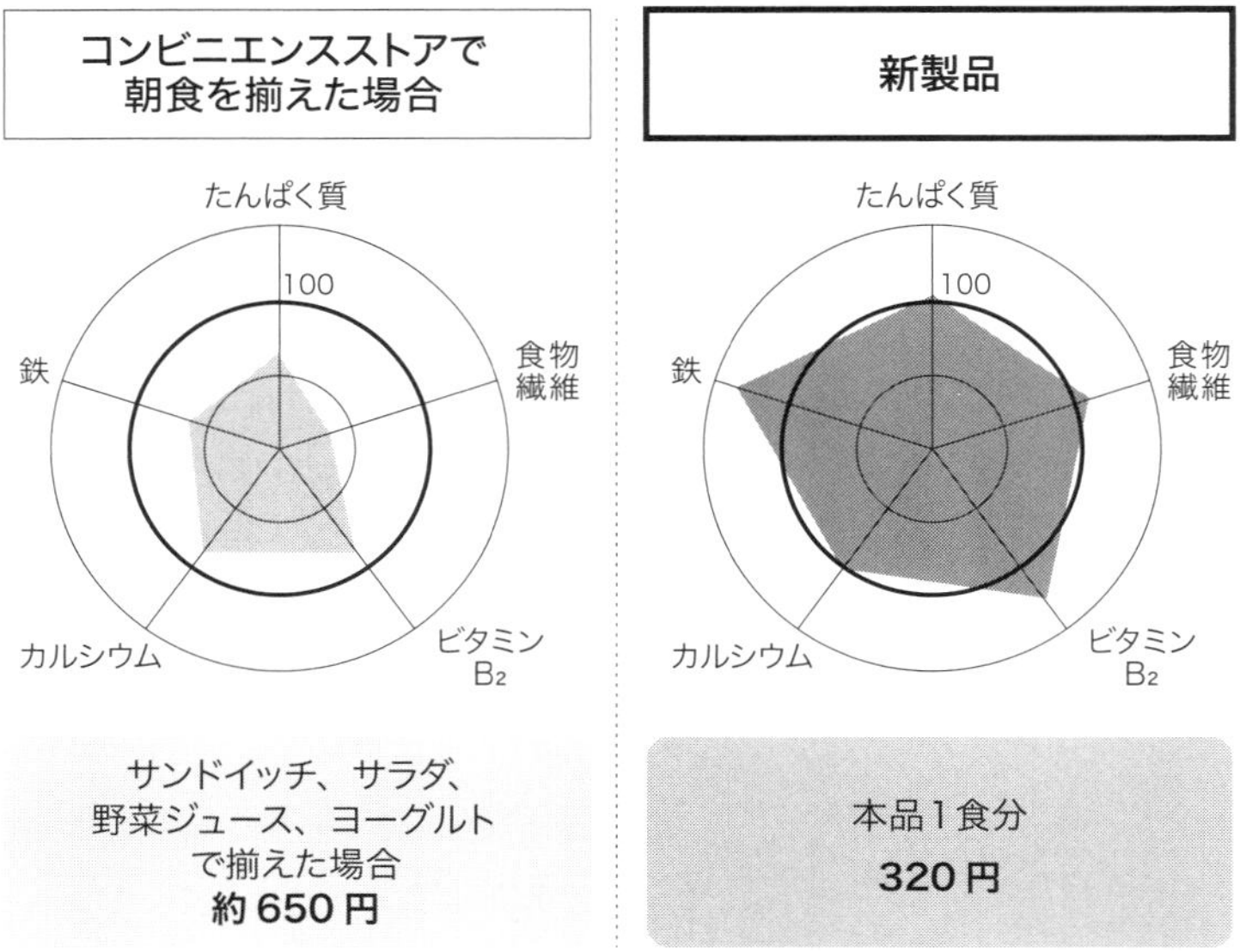

果」でお伝えした通り、人は絶対的な評価が苦手なのです。まったく新しい何かを見て、すぐによいものと認識することは難しく、「口コミの点数が高いから」「ランキングが1位だから」「コンテストで受賞しているから」といった参照点（何かを評価する際の基準）があることで、その商品が優れていると判断します。

だからこそ、馴染みのある製品と比較することで、自社製品がポピュラーな製品と同じ土俵に立ち、そのうえで評価してもらうことで、価値が上がったように感じてもらえるのです。

ただし、比較広告をする場合には、注意が必要です。景品表示法に「比較広告」に関する規制があるからです。比較広告におけるポイントは**図表5-3**に挙げた3つです。ほかの食品と栄養成分を比較する場合には、比較食品の栄養成分値を第三者機関で測定する、もしくは比較商品に記載された栄養成分値を用いる必要があります。

比較広告のように広告戦略上、有効だと考えられる手法はいくつもありますが、その多くは景品表示法で規制されています。景品表示法では、行動経済学や消費者行動学に基づいて、消費者が誤認して購入しやすい広告内容を規制しています。比較広告しかり、おとり広告しかりです。比較広告も、比較対象の内容が虚偽であった場合には、多くの消費者が騙されて購入してしまう恐れがあるからこそ規制しています。

景品表示法で規制されている内容は、消費者が誤って購入してしまうリスクが高いことが検証されています。**裏を返せば、景品表示法に定められているルールをうまく広告に活用すれば、消費者が買いやすい状況を作る強力なツール**

図表5-3■景品表示法が規定する比較広告の考え方

① 比較広告で主張する内容が客観的に実証されている

・実証は、確立された方法がある場合はその方法を用いて、主張する事実が存在すると認識できる程度まで行われている必要がある
・実証機関が広告主と関係のない第三者である場合は、その調査は客観的なものと考えられる

② 実証されている数値や事実を正確かつ適正に引用する

・実証されている事実の範囲で引用する必要がある。調査結果の一部を引用する場合には、調査結果の趣旨に沿って引用する必要がある

③ 比較の方法が公正である

・特定の事項について比較し、それが商品・サービス全体の機能、効用などにあまり影響がないのに、あたかも全体の機能、効用などが優良であるかのように強調する場合、不当表示となる恐れがある
・社会通念上、同等のものとして認識されていないものなどと比較し、あたかも同等のものとの比較であるかのように表示する場合、不当表示となる恐れがある

に変換できるということでもあります。

比較広告もそれ自体は違反ではなく、景品表示法が規定するルールを遵守して、適切な手順を踏めば表示しても問題ありません。景品表示法の規制にはポジティブな内容が含まれていることを理解すれば、どういう広告が有効かを判断しやすくなるはずです。

●ターゲットに焦点を当てる

3つめのパターンとしては、どのような方におすすめなのかを記載することです。たとえば、「多忙で食事バランスが崩れている方に」「仕事を頑張る中高年の方に」「食事からの繊維不足を感じている方に」「5つのビタミンを効率的に摂りたい方に」「スポーツが好きな方の栄養補給に」「忙しい毎日の美容のために」「育ち盛りのお子様の栄養補給に」といった内容です。

これらのポイントは、疾病に罹患している方を対象としていないことです。あくまで、健康な方をターゲットに、食事のバランスを気にしている方、栄養補給をしたい方、スポーツをしている方に向けた広告です。機能性を謳わず、疾病の改善や予防につながるような表現もしていません。

消費者は広告を見たときに「自分に関係ある商品か？」「自分にとってメリットがあるか？」を無意識に判断しています。消費者が自分のための製品だと思えるように表記してあげることで、購入の後押しになります。

注意すべき広告としては、「痩身効果」に関する内容です。ダイエット関連の健康食品は違反が多く、景品表示法の措置命令でも圧倒的に多い件数を誇っています。「飲むだけで痩せる」「簡単にスリムに」といった直接的な表示や「これだけの食事が全部ゼロに」「ぽっこりお腹ともお別れできます。食事制限も不要！」などの表示も、よくある指摘事例であり、使用しないように注意する必要があります。

機能性表示食品の広告戦略

機能性表示食品では、いわゆる健康食品と違い、血糖や血圧、疲労感、認知機能など、使える用語が格段と増えます。また、臨床試験のグラフを用いることも可能ですし、作用機序を説明するためのイラストや動画などを用いることも問題ないとされています（ヘルスクレームの説明に関係ないものは除く）。

機能性表示食品では、広告の幅が大きく変わることから、広告戦略もまったく違うものになってきます。トクホ以外は許されていなかった機能性が謳えることは最大のメリットであり、戦略としては機能性などのエビデンスを丁寧に伝えることに尽きます。

機能性表示食品の開発の際に作成した届出資料の情報は、消費者に訴求するための素材に生まれ変わります。届出で時間と費用をかけた分、広告表現として最大限利用すれば、届出の苦労も報われます。消費者に伝えるべき情報は次の5つです。

- 機能性：商品にはどのような機能があるのか？　なぜ、その機能が健康にとって重要なのか？
- 安全性：商品の安全性はどのように確認され、評価されたのか？　医薬品との相互作用はあるのか？
- 摂取方法：1日の摂取目安量は？　どのように摂取するのか？　一緒に摂取しないほう

がいい食品はないか？

・作用機序：どのような機序で機能性が見られるのか？

・関与成分：どのような関与成分なのか？　植物の基原やこれまでの歴史は？

ほかにも書き切れないほどの多くの内容があると思います。独自性の高い情報を強調するなど、ほかの機能性表示食品との差別化を心がけながら広告を作成すると、訴求力は上がるでしょう。血圧低下機能を例に挙げると次のようになります。

・機能性：〇〇（関与成分）には高めの血圧を下げる機能が報告されています。血圧は、20代以降徐々に上昇していくことが知られています。まだ正常な範囲だから大丈夫と安心せずに、将来のためにも、健康な値を維持することが大切です

・安全性：この商品は健康食品としての食経験が長く、10年以上にわたり販売されてきました。累計で１００万日分以上の実績がありますが、いままでに健康被害の報告はされておりません

・摂取方法：１日１回を目安に、お好きなタイミングで１粒をお飲みください。血圧を下げる薬を飲まれている方は、より血圧を下げてしまう可能性があるので、お医者様にご

相談ください

・作用機序：〇〇が血圧を下げる仕組みには、自律神経系（交感神経系）の働きを抑える作用がかかわっています。具体的には、交感神経伝達物質であるノルアドレナリンの放出を抑えて、血管が収縮する作用を弱めてくれることが確認されています。このことから、〇〇は、血管を拡張することによって、血圧を低下させる機能がみられるのです

・関与成分：〇〇はアミノ酸の一種で、玄米やトマトなどに多く含まれており、動物や人の体内にも存在しています。しかし、〇〇は体内で作ることができないため、食品から摂取することが重要と言われています。現在では、機能性表示食品の関与成分として、多くの方に愛用されています

これらの情報を伝える際は、具体的な数値、グラフ、イラストなどを駆使して、わかりやすく伝えることが大切です。機能性を謳えるからといって、伝え方で失敗すると、消費者に購入してもらうことはできません。「情報量が少ない」「説明がわかりづらい」製品は信頼されないという研究結果もあるくらいです。

特に、**健康食品は情報（エビデンス）に価値があるといってもいいでしょう。**消費者は

安心して毎日摂取できるものを購入したいと望んでいます。機能性表示食品の強みは、情報を伝えることが許されていることです。ぜひ、丁寧でわかりやすい説明を心がけてみてください。きっとリアクションが変わるはずです。

ただし、広告作成においては注意点もあります。一般社団法人健康食品産業協議会、公益社団法人日本通信販売協会の「『機能性表示食品』適正広告自主基準（第2版）」では、機能性表示食品の広告作成において、次の5つを記載することを推奨しています。

①「機能性表示食品」である旨の表示
②「届出表示」
③「食生活は、主食、主菜、副菜を基本に、食事のバランスを。」
④「国の許可を受けたものではない」旨の表示
⑤「本品は、疾病の診断、治療、予防を目的としたものではありません。」

これらの記載は商品パッケージでも表記しているものです。しかし、広告ではパッケージ内容は把握できないため、消費者がわかりやすいように5つの情報を記載しましょう。

すべての広告で使える認知プロセス戦略

さて、ここからはすべての健康食品に共通して使える広告戦略を解説します。まず、お話したいのは、人の認知プロセスを意識することです。広告戦略で重要なことは、①買ってもらうこと、②リピートしてもらうこと――の2つが上位に挙がるでしょう。しかし、この2つを簡単にクリアできるのであれば、誰も苦労はしません。いまの時代、初めて見た広告で即決して、その場で商品を購入する人は少なくなってきています。

多くの人は広告を見て、商品が気になったものの、いったんは忘れてしまいます。その後、その商品が思い出されて、商品を検索して、ほかの商品と比較し、口コミを見て、そこまでしてからやっと購入を決断する人もいます。このように、商品購入までのプロセスには多くの関門があります。

そこで、購入してもらうことを目標に、その手前にある「商品を認知してもらう」「興味を持ってもらう」「記憶してもらう」といったステップを通過するための広告づくりを見ていきましょう。認知の仕組みを理解して広告戦略を立てると、消費者が製品を購入する確率を上げることができます。

商品と消費者、広告と消費者との接点は、点で見るよりも時系列で捉えることが重要です。そして、その流れには、認知的な働きがかかわっています。広告戦略では消費者との関係性を構築して、消費者の認知プロセスを通じて消費者に介入しようと試みます。消費者が認知してから購入するまでの購買行動モデルとしては、次に挙げた3つなどが知られています。

- AISAS（注意→興味→検索→行動→共有）
- AIDA（注意→興味→欲望→行動）
- AIDMA（注意→興味→欲望→記憶→行動）

これらは、いわゆる型（パターン）であって、型に沿って広告をすれば、おおむね間違いは起きないテンプレートとも言えるものです。それゆえ、このフローと逆の順序にすると、人が物事を認知する原理に反してしまうので、うまくいきません。

本書で紹介する広告戦略では、購買行動モデルを次のように定義します。

①認知（Cognition）→②興味（Interest）→③記憶（Memorize）→④行動（Action）→⑤評価（Share、Recommendation）

これを「CIMAS（シーマス）」と呼ぶこととします。CIMASモデルに沿った広告を出すことで、消費者に商品を覚えてもらい、購入してもらいやすくなります。CIMASの全体像は**図表5－4**に示しました。次にそれぞれのプロセスについて詳しく見ていきます。

①認知（Cognition）

最初のプロセスは、物事を認識してもらうことです。広告は出せば出すほど消費者に認知してもらえるわけではありません。自分にとって有害である、見る価値がない、不快だと少しでも思われてしまうと、そこから先の情報を見ることをやめてしまい、視界にも入らなくなります。そのため、広告全体を通じて、消費者に不快感を与えず、好感度と信頼性を高めていく必要があります。

とはいえ、私たちは多くの情報にさらされているため、認知されるだけでも大変です。

認知されるためには、「新規性（目新しさ）がある」「感情に訴える（具体的な悩みなど）」などを入れることを意識すべきです。新規性を訴えるには、「日本初」「新登場」など、いままでとは違う製品であることをアピールするとよいでしょう。感情に訴えるには、「現代人の60％は○○の悩みを抱えています」「95％以上の人はビタミンD不足と言われています」など、事実に即したデータを提示します。そうすることで、驚きや不安の感情を呼び起こし、目に止めてもらいやすくなります。

②興味（Interest）

次のプロセスは、興味を持ってもらうことです。ここでは「馴染みがある」「連想しやすい」「自分に関係がある」「比較されている」などが有効です。

「馴染みがある」を駆使した手法として、有名人を使った広告があります。**自分が知っている人が出ている広告は、知らない人の広告よりも興味を引くことがわかっています。**たとえ、商品や企業が無名でも、馴染みがある有名人が出ていれば、人は反応しやすくなります。

「連想しやすい」の例としては、「必要な栄養素を摂るためには、毎日これだけ大量の野

図表5-4■CIMASの全体像

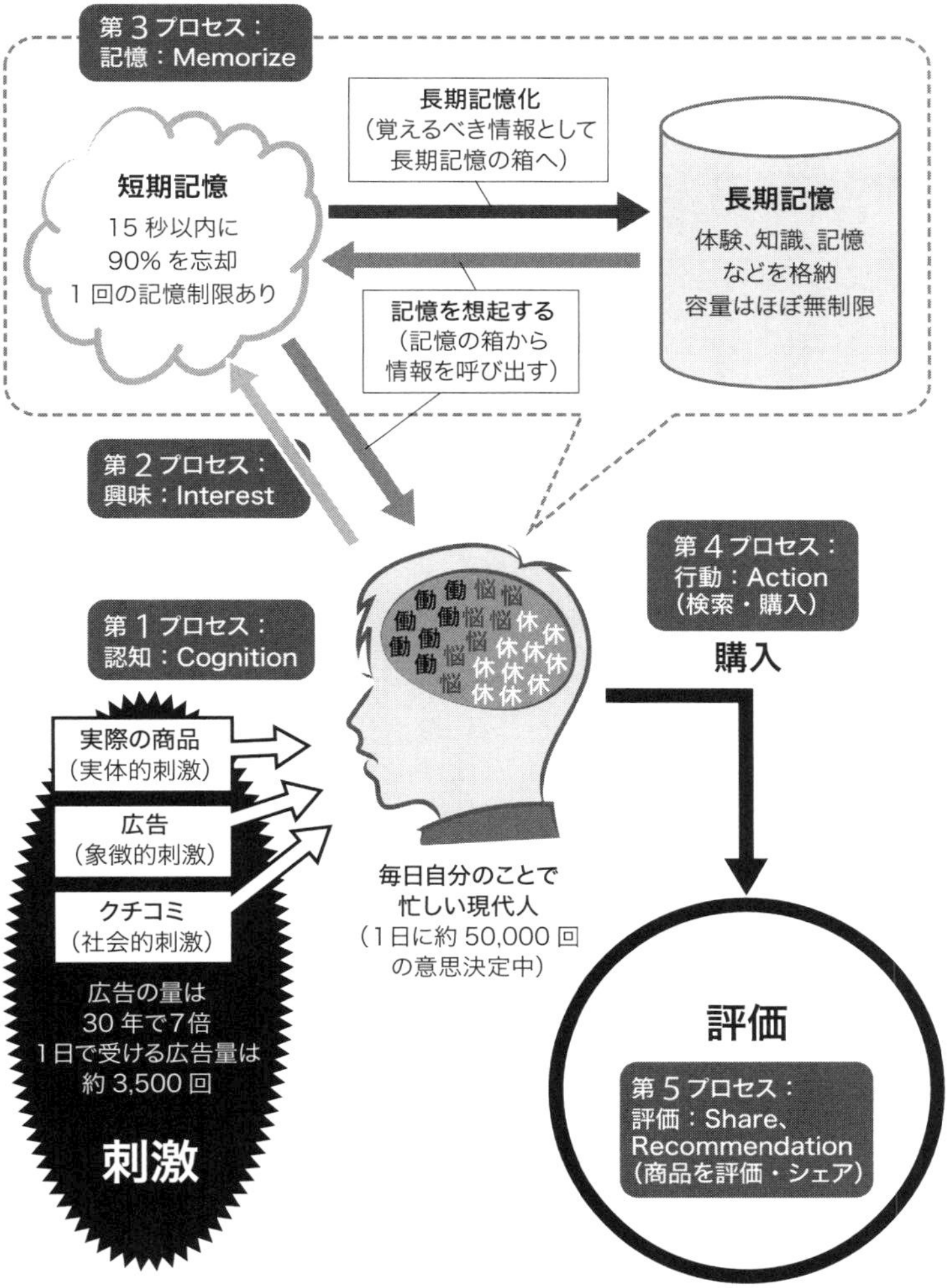

菜を食べなければいけません」というシーンを見せてから、「この商品なら1本で1日分の栄養が摂れます」というフレーズで商品をアピールする手法がよく用いられます。また、ほかの商品と比較して「どちらを選びますか？」「まだ古い商品を使い続けますか？」と選択を迫る方法も広く使用されます。「自分に関係がある」の例としては「食物繊維が不足していると感じる」「朝の眠気が気になる」「最近、肌のうるおいが気になっている」など、身近で個人的な悩みを提示するのが効果的でしょう。

③記憶（Memorize）

このプロセスでは、情報を長く記憶しやすい形にして覚えてもらう、または（一度忘れても）思い出してもらうことが目標です。**記憶に留めてもらうためには、視覚に訴える必要があります。**

人は文章よりもイメージのほうが記憶に残りやすいことが知られており、長い文章で説明する広告よりも、イラストや写真を使ったほうが効果的です。画像は鮮明なほうが記憶に残りやすいと言われているので、なるべく高解像度の画像やイラストを使用しましょう。

また、人の顔も興味を引き、記憶に残りやすいと言われています。さらに、動画と静止画、コマ送りを比較した研究では、動画が最も記憶に定着しやすいという結果が得られています。テレビは昔から広く好まれていましたし、現代ではYouTubeなどの動画メディアがその役割を担っています。同じ内容を伝える場合でも、動的な要素を付け加えると、記憶に残りやすくできるのです。

そして、自分の悩みを解決してくれる商品だという結果を示すことも大事です。これは②興味のプロセスにも当てはまりますが、人は自分に関する情報のほうが記憶しやすい性質を持ちます。たとえば、「血圧を低下する機能について、臨床試験の論文5報のうち4報で有効というデータが得られ、4週間の摂取でプラセボ食品と比べて血圧が低下していることが確認されています」など、グラフやイラストを駆使して視覚的にわかりやすく示してあげましょう。根拠となるデータが明確になることで、「この商品は、問題を解決してくれる」という信頼性が高まります。また、すべての情報に数値と物語を取り入れることが重要ですが、これについては後述します。

④行動（Action）

このプロセスでは、検索や購入などのアクションを起こしてもらうことが目標です。**行動を起こしてもらうためには、とにかくハードルを低くして、単純明快でシンプルにしなければなりません。**ネット通販であれば、「ここからワンクリックで購入できます」として、購入ボタンをわかりやすく設置する、テレビショッピングであれば「いますぐお電話を」として電話番号を大きく表示するなどです。

人は新たに行動を起こすこと、決断をすることを極端に嫌がります。そのため、「いまなら送料無料」「初回半額」「30日以内は返金可能」など行動を起こしやすくして、その行動や決断によって不利益を被ったり、後悔したりすることはないと感じてもらえるようにします。消費者が能動的に動いてくれることを期待せず、適切なフローで誘導してあげることで、購入というゴールが達成されるのです。

⑤評価（Share、Recommendation）

このプロセスの目標は、消費者に商品を評価・共有してもらうことです。「ＳＮＳに投稿してくれた方に無料でサンプルをお届けします」といった手法がよく使われますが、

２０２３年10月からステルスマーケティングに関する景品表示法での規制が始まるなど、消費者の投稿も広告の一部とみなされるようになってきました。このような背景もあり、慎重に行わなくてはいけません。

いずれにせよ、ＣＩＭＡＳを意識して、広告に活かしてもらうだけでも十分な効果が得られると思います。それぞれのプロセスでどのような広告内容とすべきか、ここまでの説明を**図表5–5**にまとめました。

人が考えていることは複雑で、全容を説明することは難しいのですが、多くの研究で解明されてきたこともあります。**ＣＩＭＡＳは、商品の購入にフォーカスした行動経済学や消費者行動論の研究をもとに、広告を使った効果的なテクニックをまとめたものです。**

消費者は凡庸な提案に対して、冷ややかな態度を示します。「面白味がない」「魅力がない」「特にほしくない」など、注意を引くだけでも大変です。現代では、広告の量が30年前の7倍になったとも言われていますが、確かに日々の情報は洪水のように流れてきます。せっかく広告を出しても、心に留めてもらえなければ、何もなかったのと同じです。人は

図表5-5■CIMASモデルのまとめ

プロセス	目的	広告で有効な内容
①Cognitive ：認知	認知してもらう	・新規性（目新しさ）がある ・感情に訴える（具体的な悩みなど）
②Interest ：興味	興味を持ってもらう	・馴染みがある ・連想しやすい ・自分に関係がある ・比較されている
③Memorize ：記憶	記憶してもらう	・視覚的である（パッと見てわかる） ・具合的な解決策がある ・物語がある ・静止画より動画
④Action ：行動	行動してもらう	・購入の方法がわかりやすい ・手間がかからない（ワンクリック、定期便） ・ハードルが低い（初回のみ半額、送料無料、返金可能）
⑤Share、Recommendation ：評価	評価してもらう 共有してもらう	・評価・共有することで報酬が得られる（紹介キャンペーン、評価・レビューした人に特典など）

毎日、多くの情報を取捨選択して、ほぼすべての情報を切り捨てているのです。

新しいものへ拒否感がある一方、目新しさがないものには興味を引かれないという人間の厄介な性質を理解しなければなりません。**新規性を出しながらも、自分が知っているものだと認識してもらう、矛盾した要素を両立させた広告こそが効果的なのです。**

たとえ、広告で伝えたい情報が一緒でも、伝える順番やパターン、ひとつの言葉を変えるだけで、認知しやすかったり、記憶しやすかったりします。だからこそ、人の性質を意識した広告づくりが重要で、まずは伝え方を吟味しなければいけません。

熱意があれば伝わるというのは、伝え方が理にかなっている場合に起きることであって、伝え方が間違っていれば、どんなに熱意があっても伝わりません。

ＣＩＭＡＳのように、脳の仕組みを意識した広告づくりを心がけるだけで、消費者への認知度や記憶への残り方は変わっていくでしょう。

エビデンス（数値）×ストーリー（物語）が売上を決める

●説得力のある情報とは

ここである実験結果を紹介します。学生1000人以上を対象とした実験で、4つの情報のうち、一番説得力があると感じたものを回答してもらうという内容です。

4つの情報とは、「物語のある情報」「数値のある情報」「どちらも含む情報」「どちらも含まない情報」です。回答の結果、「どちらも含む情報」「数値のある情報」「物語のある情報」「どちらも含まない情報」の順に説得力があると判断されました。この結果から何がわかるでしょうか。

まず、数値のある情報とは具体性があるということです。数値があるほうが覚えやすく説得力を持つのは、認知の処理が楽になるからです。抽象的な情報は、より高次的な脳の部分を使用するので敬遠されます。情報を提示するときは、なるべく消費者にとって身近で具体的な情報に置き換えて説明することが大事です。

もうひとつ、**情報はそのまま示すより、起承転結に沿って提示したほうが記憶してもらえます。**物語は感情に訴えます。琴線に響かない商品より、自分が共感できる、何か意味を感じる商品が記憶に残り、好印象を与えます。テレビCMでも、情報が淡々と流されるより、キャラクターが出てきて物語が展開したほうが記憶に残っているはずです。この具体性と物語性の組み合わせで、消費者に伝わる広告ができ上がっていきます。

●具体性と物語性で記憶の定着を高める

ここで、「じゃばら」という果実を例にとって、情報提供の仕方を考えてみましょう。たとえば、次のような説明は極めて抽象的で、物語性もありません。

「柑橘類の果実には特有の成分が含まれ、健康にいいと言われています」

この情報をどのように膨らませていくのか、段階を追って見ていきます。まずは「柑橘類の果実には特有の成分が含まれ」に具体性を追加します。

「じゃばらには特有の成分が含まれ」

「和歌山県産のじゃばらにはナリルチンが多く含まれ」

「和歌山県産のじゃばらにはナリルチンがほかの柑橘類よりも多く含まれ」
「和歌山県産のじゃばらにはナリルチンが温州ミカンの20倍以上も含まれ」

具体的な情報を足していくだけで、よりイメージしやすくなるはずです。次に、物語性も追加してみましょう。

起「三重県と奈良県に囲まれ、和歌山県のどの市町村とも隣接しない全国でも唯一の飛び地である北山村。ここでは、じゃばらという幻の柑橘類が栽培されています」

承「じゃばらは、『邪気を払う』ほどの酸っぱさと独特の苦味を持つことから、名付けられました。この『邪気を追い払うほどの苦味成分』はナリルチンといって、じゃばらには温州ミカンの20倍以上も含まれることがわかりました」

転「ナリルチンを含んだじゃばらの果皮を粉末化したエキスは、花粉やホコリに有効と言われており、○○大学と共同で試験を実施しました」

結「ヒト臨床試験の結果、花粉やホコリ、ハウスダストなどによる鼻と目の不快感を和らげる機能があることが認められました」

このように、具体性と物語性を組み合わせていくことで、情報がイメージしやすく、記憶にも定着しやすくなります。**図表5−6**に健康食品で数値や物語として示すと相性のよい情報を示しました。

どんな情報も、ただエビデンスとして示すだけではその価値を理解してもらえません。**具体的かつストーリーがある情報とエビデンスを結びつけることで、広告としての相乗効果を狙えるようになります。**その結果、馴染みのなかった健康食品が、実感を伴う魅力的な製品に見えてくるのです

図表5-6■健康食品で数値や物語と相性がいい情報

数値と相性がいい情報	有効性のデータ（臨床試験の結果）、安全性情報（喫食実績の結果）、関与成分の量、統計データ（栄養素の平均摂取量など）
物語と相性がいい情報	開発の経緯、関与成分の歴史、作用機序の流れ（どのように体に作用して、どのように機能するのかという仕組みをイラストで説明するなど）

どのメディアに広告を出すべきか？

●幅広い年代にネット通販が浸透

日々、多くの情報に触れている私たちの生活は、インターネットやスマートフォンの普及によって、多様化・複雑化が極まっています。現在の社会で情報源を絞って生活する人はますます少なくなり、テレビや新聞などの旧メディアから、ＳＮＳの口コミ、はたまたＡＩが生成する情報まで活用するようになっています。

少し古い調査にはなりますが、健康食品の情報収集経路に関するアンケートの結果を**図表5-7**に示しました。グラフを見ると、**健康食品を購入する際の情報源はインターネットやテレビが多いことがわかります。**最近の調査でも大きな違いはなく、雑誌や新聞などは年々減少傾向にあります。

すべてのメディアに広告が出せればいいのですが、優先順位をつけるなら、多くの人が情報源として使用しているインターネットとテレビが候補に挙がってきます。

総務省『情報通信白書（令和4年度版）』によれば、全世代を通じたインターネットの1日当たり平均利用時間は176・8分となっています。世代間の差違はあれ、主要メディアがテレビからネットへ移行していることは明らかです。

また、ネットショッピングの年間使用回数は、2009年の11・0回から2021年の22・1回へ倍増していることが報告されています（総務省公共放送WG討議用資料「時系列データ（生活者1万人アンケート）から読み解く日本人のメディア利用行動」より）。特に30代から50

図表5-7■健康食品に関する情報収集経路

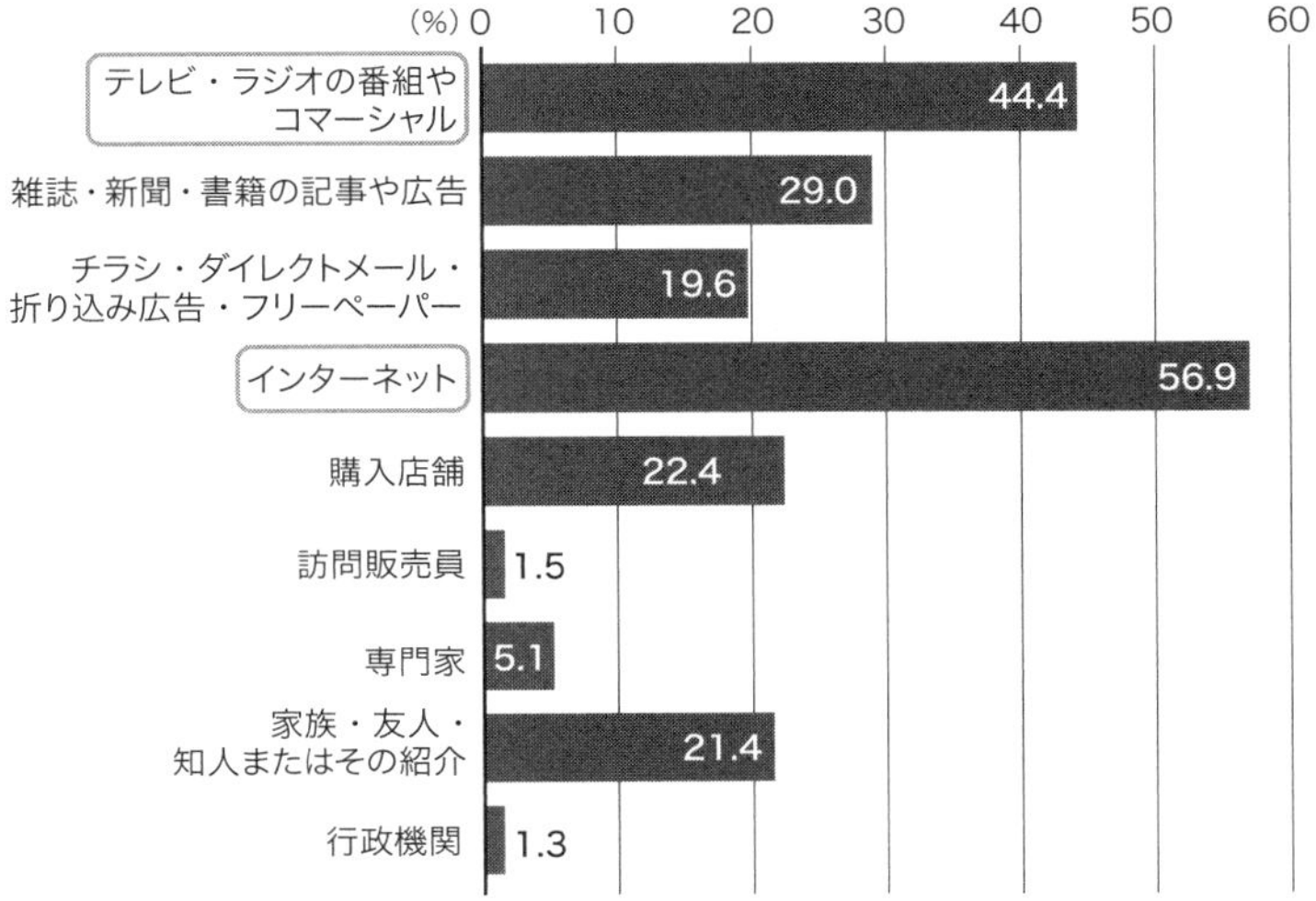

出典：内閣府消費者委員会「消費者の『健康食品』の利用に関する実態調査（アンケート結果）」

代で大きく伸びており、幅広い年代にネットショッピングが浸透したことがわかります。
したがって、インターネットで広告展開していくのが定石ということになります。

●テレビは消費者からの信頼度が高い

テレビは健康食品と相性のいいメディアと言えます。テレビの通販番組では昔から健康食品が広く受け入れられており、テレビは情報源として信頼度が高いという特徴もあります。総務省「令和3年度情報通信メディアの利用時間と情報行動に関する調査」によると、**テレビの情報が信頼できると考えている人は60・3%にのぼります。**これはインターネットの28・2%と比べて倍以上です。「テレビで説明していたから」と安心して商品を購入する消費者は多く、厚生労働省「令和元年国民健康・栄養調査」によれば、食生活に影響を与えている情報源としてテレビは1位になっており影響力も健在です。

ひとつ注意しなければならないのは、インターネットよりテレビCMや通販番組のほうが広告審査は厳しく、機能性表示食品であっても何でも表現できるわけではありません。景品表示法や薬機法の違反となる恐れがある表現はもちろん、適切な根拠資料を提示しないと、エビデンス不足とみなされて広告できないのです。

逆の視点から言えば、広告審査の厳しさがあるからこそ、テレビが信頼されているわけで、活用次第では大きな売上が期待できるでしょう。

ソーシャルメディアの活用と注意点

〝バズる〟ことを目的とした広告展開

そのほかのメディアとしては、現在インターネットで勢いを増しているソーシャルメディア、いわゆるＳＮＳやブログ、ＹｏｕＴｕｂｅなどの動画共有サイトの広告があります。２０２２年のソーシャル広告（ＳＮＳ、ブログ、動画共有サイトなどソーシャルメディアのサービス上で展開される広告）の媒体費は８５９５億円と、インターネット広告全体の３４・７％にまで拡大しています（電通ほか「２０２２年日本の広告費インターネット広告媒体費詳細分析」より）。〝バズる〟ことを目的とした広告展開が活発化している状況ですが、ソーシャルメディアを活用することへの注意点がいくつかあります。

●ステルスマーケティングの取り締まり

２０２３年10月からステルスマーケティングが景品表示法の取り締まり対象として新たに加わることになりました。ステルスマーケティングとは、たとえば、インフルエンサーが広告と明記せずに特定の商品をすすめる動画を公開したにもかかわらず、実際にはその商品を販売する会社と契約を結んでおり、広告活動の一環であったといったケースが該当します。

今後は、「消費者が事業者の表示であることを判別することが困難である表示（いわゆるステルスマーケティング）」は、景品表示法の措置命令や課徴金対象となります。**事業者がインフルエンサーなどに費用を支払った場合は、広告活動であることを消費者にきちんと伝わるような仕組みにしないといけません。**

景品表示法や健康増進法では、広告表示に該当するものを「顧客を誘引するための手段として行う広告その他の表示」と定義しています。その事例をいくつか挙げると、次の通りです。

・商品、容器包装による広告

・チラシ、パンフレット、ダイレクトメールによる広告
・口頭による広告
・ポスター、看板（プラカードおよび建物または電車、自動車等に記載されたものを含む）
・ネオン・サイン、アドバルーン、その他これらに類似するものによる広告
・陳列物または実演による広告
・新聞、雑誌その他の出版物、放送による広告
・インターネットによる広告（情報処理に供する機器による広告等によるものを含む）

チラシやインターネット、テレビなどはもちろん、口頭による広告も取り締まりの対象としています。このように広告の範疇はとても広く、**日本で商品宣伝を行うにあたり、景品表示法や健康増進法の範囲に入らないものはない**と言ってもいいでしょう。

●健康食品におけるメディアコントロール

「メディアコントロール」という言葉があります。一般的には、子育てのときに親が子供に見せる情報をコントロールするという意味で使われていますが、健康食品の広告戦略で

は、別の意味でのメディアコントロールが重要になります。

それは、どのメディアに対して、どのような情報をどのくらいのボリュームや頻度で提供するかという「情報統制」としての意味合いです。健康食品の広告戦略ではメディアコントロールが欠かせない時代になっています。それはなぜでしょうか。

広告は、公開する媒体によって指摘を受けるリスクが異なってきます。本来、広告のチェック、監視は行政機関によって行われるものです。消費者にとって不利益を与える広告表示がされていないかは、消費者庁や地方自治体が日々パトロールしています。

しかし、広告を監視しているのは、行政サイドに限ったことではありません。たとえば、広告を掲載する際は、掲載する媒体による広告審査・考査が事前に行われます。さらに、広告を見た消費者も、違反広告と感じたら通報できる制度が整備されています。われわれは、一億総監視社会とも言われる時代を生きており、いままで以上に多くの目によって広告もモニタリングされているわけです。

●広告はマス化するほど監視が厳しくなる

図表5-8■広告を監視する3つのグループ

行政機関（消費者庁、都道府県、地方公共団体）
広告媒体（テレビ、雑誌、ラジオ、Web、SNS、動画共有サイトなど）
消費者（一般消費者、消費者団体、競合他社など）

図表5-8に広告を監視する3つのグループを示しました。行政機関、広告媒体、消費者はそれぞれ立場がまったく異なります。そして、この3つの視点からの監視が強いメディアが最も厳しく取り締まりを受けるということになります。では、どのようなときに3つのメディアの監視が強く働くのでしょうか。

たとえば、地方の商店に行って、そこで健康食品に関する違反広告のPOPが出ていたとします。そのPOPとの接点があるのは、そのお店に直接行った消費者の方だけでしょう。消費者の方がSNSに投稿したら話は変わりますが、基本的には行政機関がPOPを見に行くことがなければ、その内容に対する監視が厳しいとは言えません。

次に、ネット広告を考えてみましょう。まず広告を出す際に、検索エンジンであれば、検索エンジン運営会社による審査、ECモールであれば、ECモール運営会社による審査、ＳＮＳであればＳＮＳ運営会社による審査が行われ、違反広告は審査段階で却下されます。審査を通過したあとも、ネット上に公開されると、消費者からの通報もあれば、行政機関による自動パトロールの目にも、あるいは競合他社の目にも触れます。

２つのケースを比較してみると、同じ違反広告を出した場合の指摘を受けるリスクは、ネット広告のほうが何倍にも膨れ上がります。要は、**多くの人に見てもらう（マス化する）ほどに、広告への監視も比例して厳しくなってしまうのです。**

もちろん、インターネット上でも検索エンジン、動画共有サイト、ＳＮＳ、ニュース系キュレーションメディアなどで、それぞれ審査の通りやすさは異なります。メディアコントロールを適切に実施することが重要になるということです。

広告戦略を考えるうえで忘れてはいけないこと

●よりよく見せることと違反の境界線

ここまで広告戦略について解説してきましたが、忘れてはいけない大切なことは、倫理観・モラルを持つことです。広告を展開するうえで、最もやりがちなことは、自社商品のよさを誇張してしまう、いわゆる〝盛ってしまう〟ことです。もちろん、誰もが自社商品はほかの商品よりもよく見せたいと思っていて、その商品が売れるためなら盛ってしまうのは仕方ないと考えることもあるでしょう。

しかし、景品表示法で違反と見なしているのは、まさに盛っているかどうかなのです。景品表示法では、「著しく優良である」と表示したものに対して、措置命令や指導改善を行います。これは多少の誇張であればいいが、一定以上を超えたものは許されないといったニュアンスです。**盛り過ぎて、商品実態と広告表示に大きなギャップが生まれてしまった場合は、違反対象となります。**

●モラルなき業界に未来はない

モラルを持たない利己主義が前面に出てくると、「自分たちだけなら大丈夫だろう」という短絡的な考えから、違反広告へと至ります。もちろん、確かなエビデンスを持っていて、このケースなら「ここまで言っても大丈夫」「これ以上は言ってはいけない」といった戦術面での線引きをすることは大切です。しかし、そうしたミクロな戦術の一方に大局的な考えとして、「モラルを持つのが大事」という視座で広告戦略を捉える必要があります。その結果、行き過ぎた広告に対して、自動ブレーキや自浄作用が生まれるはずです。

多くの事業者がモラルを持った広告戦略をすることは、健康食品業界の未来にとってメリットがあります。どんなメリットがあるかはＰＡＲＴ７でお話しします。

PART 6

ヒット商品を生み出すためのマーケティング戦略

どのような健康食品が売れているのか？

●健康食品業界はコロナ禍以降も成長を継続

新型コロナウイルス感染症が流行り出した2020年以降、少ないながらも業績が落ちていない業界があります。代表的なのはIT業界で、巣ごもり特需で動画メディアが成長しました。また、在宅勤務の推奨によってWeb会議ツールなども一時期大きく売上を伸ばしています。

そんな**数少ないコロナ禍以降に成長した業界のひとつが健康食品業界です。**そして、健康食品業界のいいところはコロナ禍がひと段落したあとも成長し続けていることです。さらに、機能性表示食品が導入された2015年以降、右肩上がりで市場を伸ばしていることを考えると、現在の日本においては特筆すべき業界だと言えるでしょう。

私は、「健康食品の市場はこれからも伸びますか？」という質問をよく受けます。回答としては、「いつまで成長するかはわかりませんが、急激な市場の減少は考えにくい」と伝えます。なぜなら、食と健康に終わりはなく、不況でも外に出ることができなくても、私たちは健康を目指し続けます。そして、毎日の食事が健康の土台です。この「健康」と「食」の2つにかかわる健康食品が、突然不要となることは考えにくいでしょう。これが健康食品の市場が堅固であると考える理由です。

さて、健康食品のマーケティングを考えるにあたり、まずは現状の市場規模がどの程度あるのかを知ることが大切です。機能性表示食品はどのくらい売れているのか、どのような成分やヘルスクレームが人気なのかなどのデータを見ていきたいと思います。

●健康食品の市場規模

健康食品の市場規模については、いくつかの調査会社が数字を出していますが、バラツキがかなりあります。その理由として、調査を行っている会社によって対象とする企業数や品目数、ジャンル、算出期間が異なっているからだと考えられます。そのため、実質的な数字を把握することは難しく、ここから紹介する数字は、あくまで目安・参考としてください。

まず、健康食品の市場規模は全体で1兆3000億円ほどと報告されています（**図表**

6－1）。この場合の健康食品とは、保健機能食品といわゆる健康食品（エナジードリンクなどの飲料製品やヨーグルトなどの明らか食品を含む）を合わせたものです。２０１５年以降に機能性表示食品が導入されてからは、全体的な市場規模を徐々に増やしている傾向にあります。

●機能性表示食品の市場規模

保健機能食品のうち、機能性表示食品の市場規模を見ると、８年間で**15倍以上に増加していることがわかります**（図表６－２）。これは非常に高い成長率で、健康食品全体に占

図表６-１■健康食品の市場規模（年次推移）

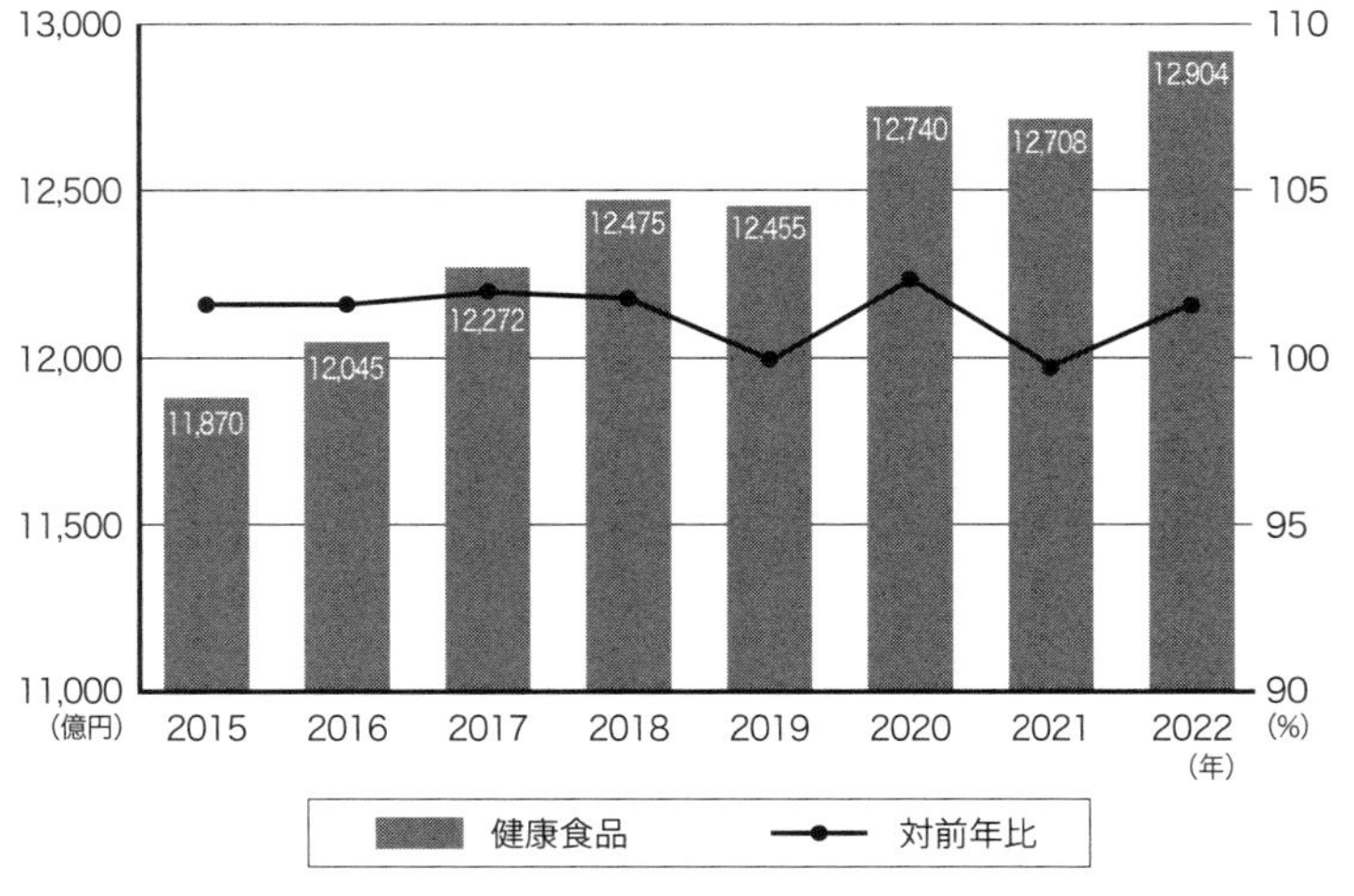

出典：『健康産業新聞 第1755号（2023年1月4日発行）』（インフォーマ マーケッツ ジャパン株式会社）

める割合も年々増加しています。なお、データは割愛しますが、特定保健用食品（トクホ）の市場規模は減少傾向で、2020年を境に機能性表示食品を下回りました。栄養機能食品の市場規模は機能性表示食品に劣りますが、2015年以降はほぼ横ばいで推移しており、三者三様の傾向となっています。

　このように、機能性表示食品は保健機能食品、ひいては日本の健康食品のなかで大きな存在に成長したと言えるでしょう。機能性表示食品は毎年1000製品以上増えており（実際に販売されている数はその半

図表6-2■機能性表示食品の市場規模（年次推移）

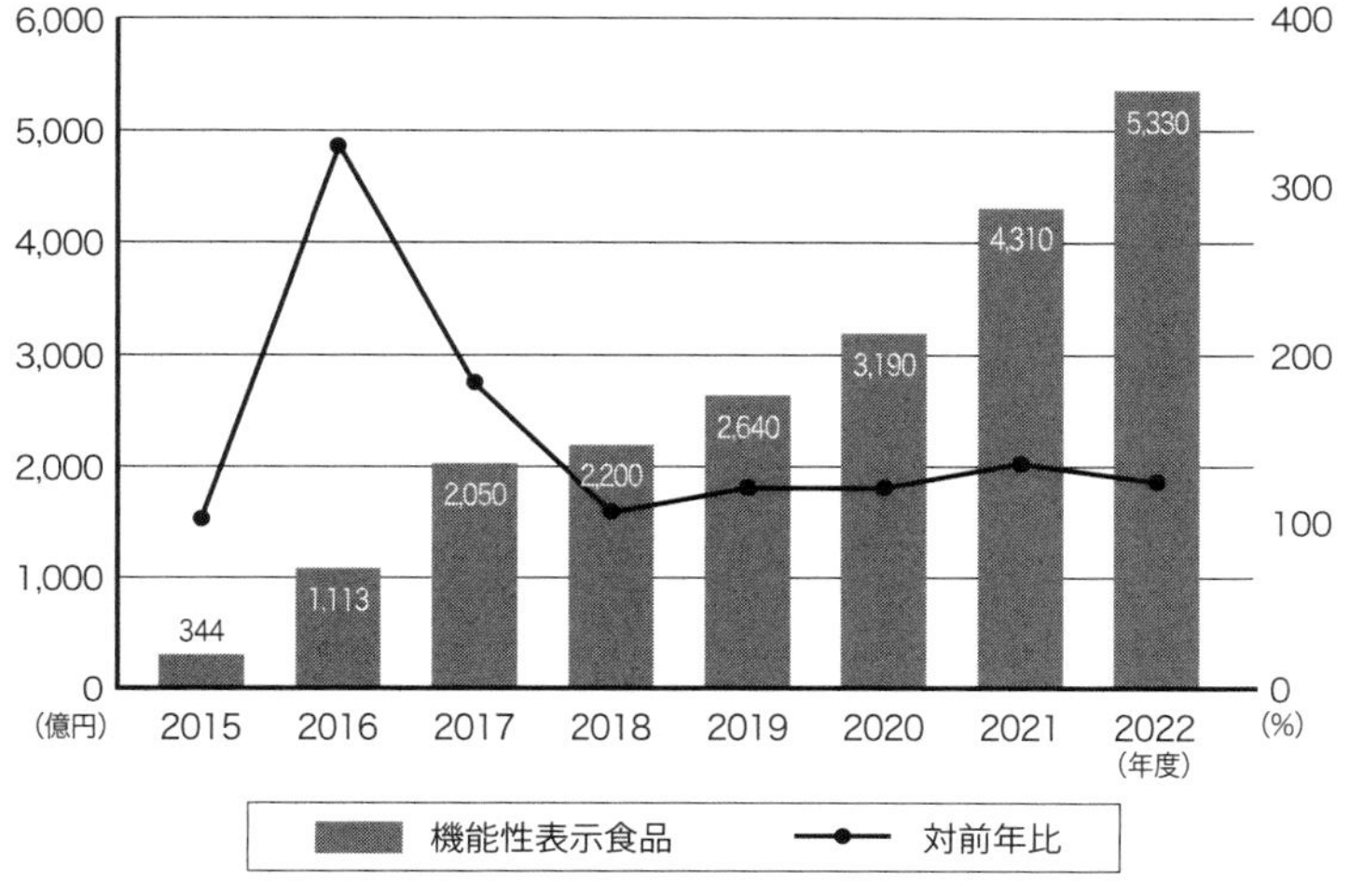

出典：『ヘルスライフビジネス第801号（2023年4月15日発行）』（株式会社ヘルスビジネスメディア）

分未満と予想されます）、２０２３年度には６０００億円を越えると予想され、当面の間は堅調に推移することが見込まれています。

●機能性表示食品のヘルスクレーム別製品数ランキング

機能性表示食品のヘルスクレーム別製品数を見ていくと、「中性脂肪」が１位、「血糖関係」「整腸機能」と続きます（図表6−3）。ただし、「体重・体脂肪」と「お腹周りの脂肪」を合わせると１０００製品を越えるので、実質的なトップは体脂肪関連の商品と言ってよいでしょう。これらの製品数が多いのは予想通りで、市場に出回っている製品ともおおむね一致しているのではないでしょうか。

なお、「整腸機能」では、ヨーグルトや大麦シリアルなど、商品自体が腸にいいというイメージを持った商品の売上が高く、毎日習慣的に摂る傾向の強い食品が整腸機能を謳うことで、より健康志向が高い層を取り込むことに成功したと言えるでしょう。

注目すべきは「免疫」で、製品数が少ないなかでも市場規模は１８０億円を超えており、１製品当たりの売上が高いことがわかります。コロナ禍の影響により免疫機能製品は

図表6-3■機能性表示食品におけるヘルスクレーム別製品数

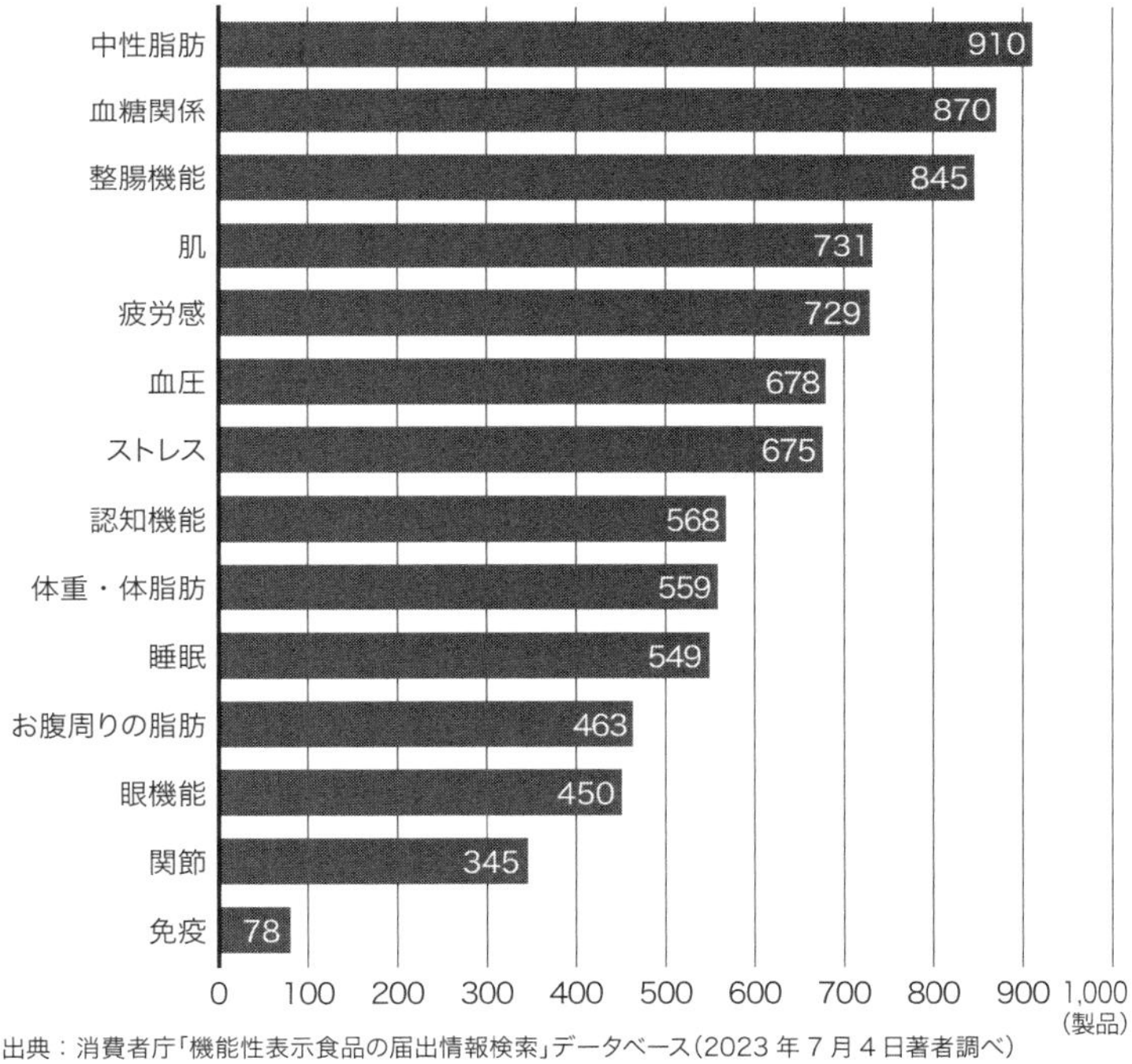

出典：消費者庁「機能性表示食品の届出情報検索」データベース（2023年7月4日著者調べ）

特需だったため、今後は少し落ち着くことも想定されますが、「免疫」というワードの力強さを感じます。免疫機能に関する届出は、ほかの製品に比べて難易度が高いのですが、多少の開発費や期間がかかったとしても、回収できる見込みも高いため、これからも新たな免疫機能製品の開発が進んでいくと予想されます。

●機能性表示食品の機能性関与成分別製品数ランキング

最後に、どのような関与成分が人気かを見ていくと、上位には「GABA」「難消化性デキストリン」が入っています。これらの関与成分は、市場を広げるために、血糖値や腸内環境改善、血圧、ストレス、睡眠など、訴求する機能のエビデンスを横断的に取得するという戦略を採っています。さらに、さまざまな食品に使用できる原料であることもポイントで、加工形態を問わず使用可能なことから、原料として幅広く使用してもらうことに成功しています。

「乳酸菌」や「ビフィズス菌」は、ヨーグルト飲料などが人気で、機能性表示食品ができる前から日本で愛用されてきた成分と言えるでしょう。

その他、「カテキン類」はお茶に多く含まれる成分です。お茶の人気は言わずもがなで、毎日お茶を飲む方はたくさんいます。お茶が健康にいいことは古くから知られており、緑茶を飲んでいる人は心疾患死亡リスクが減るといったエビデンスも報告されています。緑茶を含め、味噌などの大豆製品や発酵食品に関する新たなエビデンスが出てくると、改めて日本食のよさが見直されるようになるのではと感じています。

図表6-4■機能性表示食品における機能性関与成分別製品数

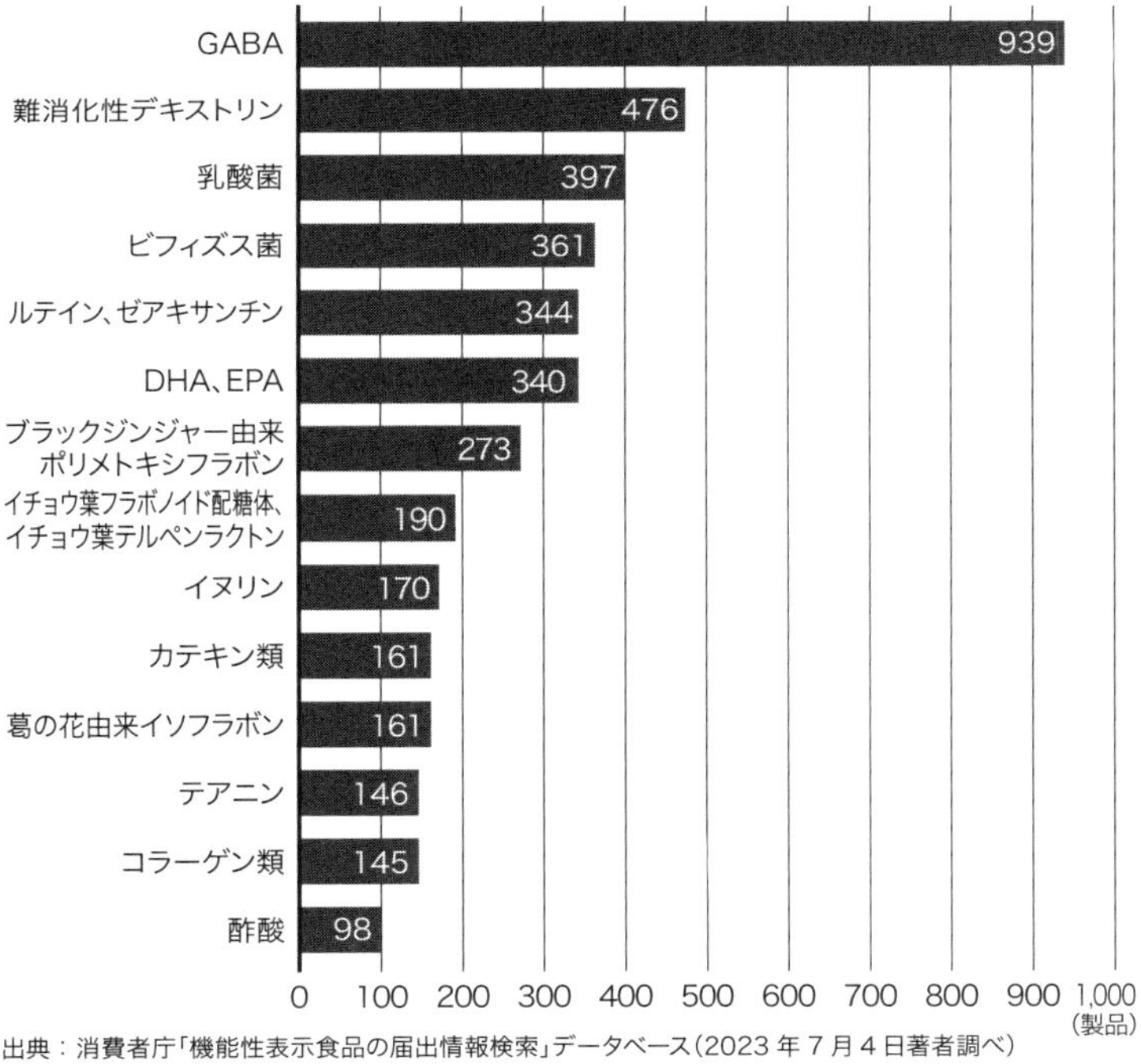

出典：消費者庁「機能性表示食品の届出情報検索」データベース（2023年7月4日著者調べ）

また、「コラーゲン」「酢酸」など、認知度の高い成分もランク入りしています。馴染みのある成分は安心して購入できるので、消費者から根強い人気があります。

実際に市場で売れている商品の関与成分も、図表に入っている成分がほとんどです。今後、どの成分が売上を伸ばしていくかが注目されるところです。

●健康食品をどのように企画する？

健康食品をどのように企画すればいいかは、大きなテーマです。いかに自社の特徴を取り入れつつ、他社にない強みを持たせることができるかがポイントです。

とはいえ、自社が販売している製品は、唯一無二で誰にも真似されることがない、ライバルなどがいないといった、ブルーオーシャン状態は難しいのが現状です。健康食品しかり、機能性表示食品しかり、その製品数は年々増え続けており、現実はそう甘くはありません。機能性表示食品だけでも７０００を超える製品があるなかで、各事業者が生き残りを賭けてしのぎを削っています。

多くの商品で溢れかえることをコモディティ化と言います。**機能性表示食品も１０００製品を超えたあたりから、同じような食品が数多く出回るようになり、コモディティ化が着実に進んでいます。**

コモディティ化が進む前は、独自性がある、新規性がある、競合製品がないというブルーオーシャンを泳ぐことができますが、コモディティ化した市場ではそうはいきません。自社の製品だけに〝特別な何か〟があるといった戦略を採ることはだんだんと難しくなっています。

コモディティ化した市場でどのように戦うのか？

先発品として販売できるのは、ひと握りの商品と事業者だけです。それ以外の商品や事業者は基本的にコモディティ化された市場での戦いを余儀なくされます。そこで、マーケティング研究者で早稲田大学商学学術院教授の恩蔵直人氏が著書『コモディティ化市場のマーケティング論理』（有斐閣）で紹介している①独自価値（先発）戦略、②品質価値（後発）戦略、③カテゴリー価値戦略、④経験価値戦略——の4つの戦略をもとに、健康食品業界で採るべき戦略の特徴と事例を見ていきます（**図表6-5**）。

①独自価値（先発）戦略

最も早く製品を投入し、まだ整備されていない市場を開拓していく戦略です。この戦略では、まだ消費者に認知されていない市場を作ることになるため、ある程度の初期投資は必要ですが、開拓されていない市場に先んじて入れる優位性、何より先行者利益を得るこ

図表6-5■コモディティ化した市場のマーケティング戦略

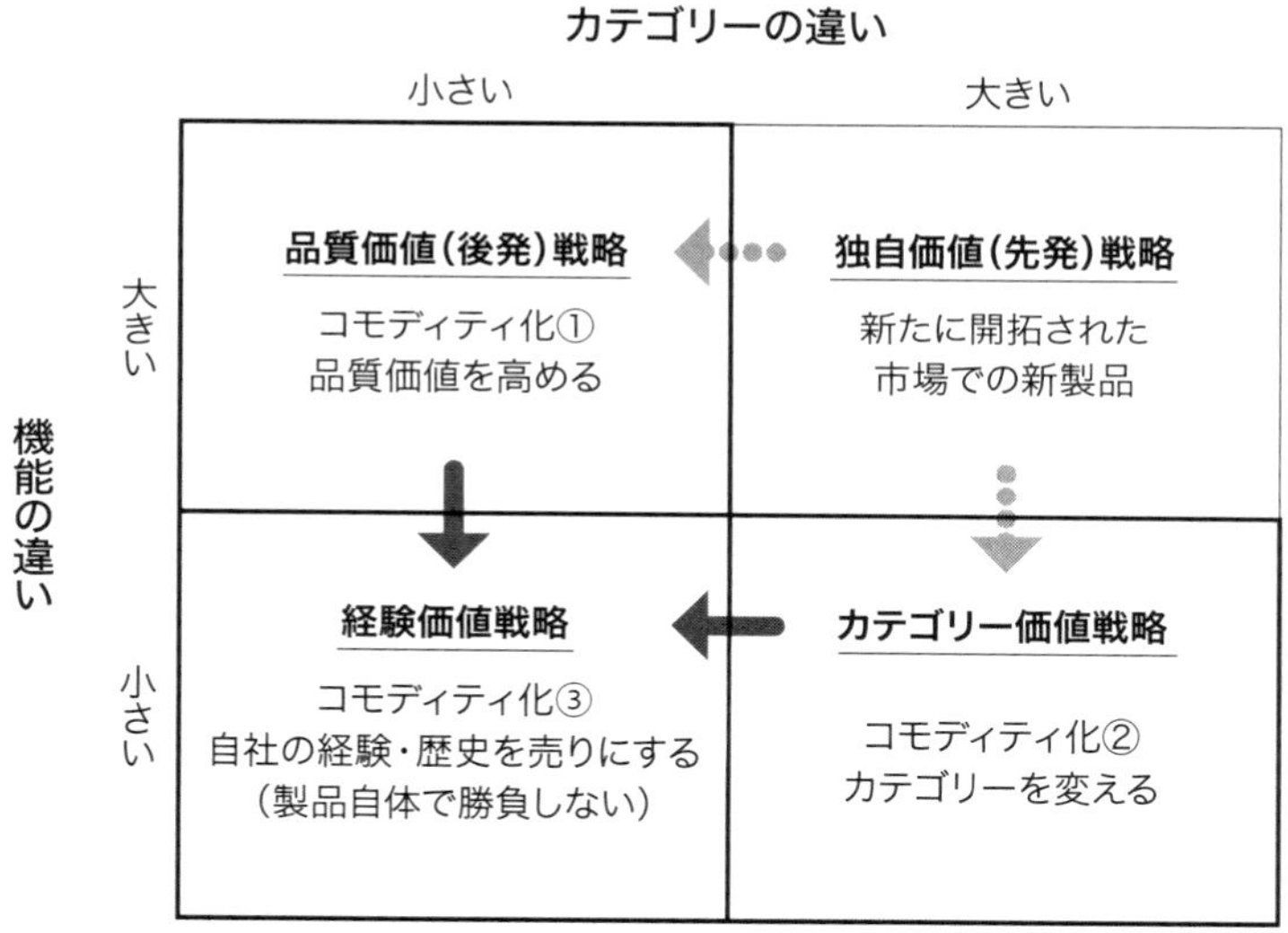

出典：恩蔵直人著『コモディティ化市場のマーケティング理論』（有斐閣）掲載図をもとに作成

とができます。**先発ブランドは後発ブランドに比べて市場シェアを2倍以上獲得している**というデータもあり、後発品が出てくるまでに市場シェアを確保できるメリットを享受できるのが強みです。

健康食品における先発品は何を指すかというと、「初めての機能性」「初めての成分」などです。わかりやすい事例としては、機能性表示食品で「免疫機能」を謳えるようになった「プラズマ乳酸菌製品」が挙げられます。

プラズマ乳酸菌を関与成分とした製品の年間売上は合計180億円を超えるなど、目に見える形で先行者利益を享受しています。「プラズマ乳酸菌=免疫機能」というイメージを消費者に与えることに成功したと言えるでしょう。

初めて受理される成分を使用している場合、「日本初」といったフレーズで消費者にアピールすることも可能です。

②品質価値（後発）戦略

基本的なスペックは先発品と同じですが、特定の部分だけでも、先発品より優れた特徴を付けるという戦略です。たとえば、カメラは画素数を上げたり、手ぶれ補正機能を付けたりして品質価値を向上させています。

健康食品では、1日の摂取量を減らす（4粒→1粒）、飲みやすい形状にする（大きなカプセル→ゼリー状で水不要）などの工夫が考えられます。ジェネリック医薬品（後発医薬品）などは、まさに典型例です。「低価格×高品質」を訴求するのもいいでしょう。

ただし、弱点もあります。それは、**特許が取れていない製法だと、すぐに真似されてしまう可能性があり、独自化・差別化しにくいことです。**コモディティ化が進んだ市場では、他社も当然のように同じ戦略を採用します。そのため、品質価値戦略だけに依存するのではなく、ほかの戦略との組み合わせも検討すべきです。

③カテゴリー価値戦略

これは製品の機能や品質を大きく変えるのではなく、販売するカテゴリーやジャンルを変更することで価値を生み出す戦略です。トクホでは、「お茶×体脂肪減少」といった商品がヒットしましたが、これもカテゴリー価値戦略のひとつです。お茶に体脂肪を減少させるという付加価値を付けて、それまでにない新しいジャンルを生み出しました。

カテゴリー価値戦略では、消費者への見せ方や情報発信の工夫が求められます。たとえば、機能性表示食品としてたくさんの製品を輩出している成分にＧＡＢＡがあり、その機能性として多いのは血圧低下です。当然ながら競合も多いわけですが、変化球を投げることでヒットにつながることがあります。

その一例として、バナナの生鮮食品でＧＡＢＡの血圧機能を謳った製品があります。バナナには本来ＧＡＢＡが含まれているのですが、通常のバナナでは「血圧を低下させる」とは謳えませんでした。それが、機能性表示食品として届出することで、「血圧を低下するバナナ」という新カテゴリーを創出することに成功したのです。

この例は、機能性表示食品の可能性を示す好例だと思います。「食品の種類×機能性×関与成分」の組み合わせで新たな製品ジャンルを開拓することができたからです。同じ生鮮食品で言えば、「メロン×ＧＡＢＡ＝血圧を下げるメロン」「パプリカ×ＧＡＢＡ＝血圧を下げるパプリカ」といった製品もすでに販売されています。その他、加工食品でも、ストレスを軽減するグミや空腹時血糖に役立つキャンディといった製品もあります。

カテゴリー価値戦略は、いわば「ずらす」戦略です。**健康食品はジャンルを少しずらすだけで、いくらでも製品化ができます。**これは、加工食品のパターンが多岐にわたることが大きな要因です。「ずらす」戦略を使えば、食品の一次機能、二次機能、三次機能という切り口でも変化をつけることが可能です。食品の３つの機能についてはＰＡＲＴ１でも少し触れましたが、改めて次に示します。

・一次機能：栄養（炭水化物やたんぱく質、食物繊維など）
・二次機能：味、香り、食感など（嗜好性）
・三次機能：生体機能の調節（機能性）

機能性表示食品は三次機能を有する食品になります。機能性のバリエーションは豊富にありますが、ここに一次機能と二次機能の要素を掛け合わせることで、商品バラエティは一気に広がります。例としては次の通りです。

・高たんぱく×ゼリー（食感）×体脂肪減少
・低糖質×コーヒー（香り・苦味）×血糖上昇抑制

健康食品は、医薬品のように具合が悪いときだけ飲むというものではなく、継続して摂取することで価値が期待されるものがほとんどです。そう考えると、健康食品では継続してもらうための創意工夫をしなくてはなりません。

「飲みやすい」という簡便性を追い求める方向もあれば、「飲みたくなる」という嗜好性を追求するのも一案でしょう。同じ機能の商品でも、味のラインナップを7種類揃えてシリーズ化すれば、曜日ごとに違う味が楽しめて、飽きにくくすることも可能です。

さらには、利用目的という切り口もあります。自分のためにに買うものだけでなく、贈り物・ギフト用の食品としての展開も可能ですし、飲食店で提供するメニューに、脂肪の低減に役立つお茶を置いてもらうといった多角的な展開もあり得ます。

健康と食品が必要とされる場面にオンとオフはなく、時間も場所も関係ありません。食品は日常生活のありとあらゆるシーンに登場することができる数少ない商品のひとつです。この特性を活かせば、バラエティに富んだ商品を多様な用途で提供することで、差別化が図れます。これがカテゴリー価値戦略のメリットです。

④経験価値戦略

市場のコモディティ化が進み、ほかの製品と機能やカテゴリーで差異を生み出すことができなくなり、いわゆるレッドオーシャン化したときに使う戦略です。製品のみならず企業のブランド力を高め、顧客のロイヤリティーを向上させることによって、製品自体の機能は変わらなくても、その企業の製品を買ってもらえるような状態に持っていくことができれば理想的です。

どのような企業であれ、中長期的に製品を販売していく場合には、経験価値戦略なしで利益を増やすことは困難です。たとえば、米国のアップル社などのハイブランド製品は、商品自体が優れていることはもちろんとして、ほかの企業には真似できない強いブランディングに支えられています。言ってしまえば、その企業が出している製品であれば、何であっても買う人がいるという状態にまでブランド価値を押し上げているのです。

健康食品でも、マーケティングに成功している企業は、その企業独自の特色があり、他社の真似できない領域を持っていますが、必ずしも商品の良し悪しだけが独自性を決めているわけではありません。

たとえば、自然派食品のみに特化する、長い歴史を持っている伝統食品に特化する、あるひとつの果実に特化する、地域密着型で地元の農産物のみを使ったこだわりの食品を提供するなど、経験価値はその企業だけが持っているものを強みに変える戦略です。

その企業だけが持っているものを磨き上げていくことで、自ずとブランド価値は高まっていきます。逆に、経験価値戦略がなければ、独自製法や特許、オリジナリティで差別化ができなくなってしまいます。

経験価値戦略は、オンリーワン戦略とも言えます。**商品の優劣などに関係なく、企業が持っているこだわりや物語、歴史などに焦点を当てて、ユニーク性を打ち立てられれば、差別化することは十分にできます。**

ここまで紹介した4つの戦略は、「独自価値（先発）戦略×経験価値戦略」といった組み合わせが可能です。組み合わせをうまく応用すれば、消費者の認知度を高めて、記憶に残るようなアピールができるはずです。

足し算×引き算×ありのまま

健康食品で他社との差別化を図るために注意すべきことは、機能性や有効性だけでしょうか。消費者は、「血圧や血糖値を改善する商品がほしい」という願望以外に、「添加物が使われていないか」「糖分や塩分などが余計に含まれていないか」「カロリーが高くないか」

など、さまざまな基準をもとに健康食品を選んでいます。

消費者が求める基準を共通した3つの軸で捉える分類法があります。それはデータコムの清原和明氏が月刊誌『食品商業2017年4月号』（アール・アイ・シー）で紹介している「足し算食品」「引き算食品」「ありのまま食品」というフレームで考える手法です。どういうことでしょうか。一つひとつ見ていきましょう。

①足し算食品

足し算食品とは、栄養素や特定の成分を追加した食品を指します。たとえば、機能性表示食品や栄養機能食品などがあります。食品に何らかの栄養素や機能を足すことで、付加価値が生まれます。

食物繊維、ポリフェノールなどの成分が強化された商品も足し算食品に当てはまります。「食物繊維がたっぷり」「コラーゲンが豊富」「ポリフェノール配合」といったキャッチフレーズを謳う商品は、ある成分を加える（足し算）ことで、商品価値を高めています。このように、健康にいいとされる成分が含有されていることを強みとするのが「足し算食品」の特徴です。

②引き算食品

一般的に、「健康食品の特徴は何ですか？」と聞かれたら、ほとんどの人は「○○成分を摂ると体にいい」という足し算の要素ばかりを答えます。一方、「塩分は血圧を上げる」「糖分は血糖値を上げる」「脂肪分の摂り過ぎは体脂肪増加につながる」といったことが体に悪いのは周知の事実なのに、なぜか忘れられてしまいがちです。本気で健康になりたいなら、必要なものを摂取することと、不要なものを摂り過ぎないことは、車の両輪のようになくてはならない存在です。

引き算食品には塩分や糖分、脂肪などを減らすように工夫されたものが該当します。たとえば、減塩食品や糖質ゼロ食品、カロリーオフ食品などです。いまではたくさんの種類の引き算食品が販売されています。足し算だけで差別化ができなくなったなら、引くことを考えましょう。これは、どんなジャンルの健康食品にも当てはまります。

③ありのまま食品

「足し算」と「引き算」の2つがあれば十分に見えますが、健康食品にはもうひとつ「ありのまま」という要素があります。私たちが口にする食品は、加工食品もしくは生鮮食品に分けることができますが、さらに別の視点では天然由来か、化学合成品が使用されているかという切り口もあります。「ありのまま」は、生鮮食品や天然由来であることを商品の特徴として捉える考え方です。しかしながら、ありのままという特徴は、訴求力を持ち、セールスポイントになり得るのでしょうか。

消費者庁食品表示企画課「令和2年度食品表示に関する消費者意向調査報告書」では、一般消費者に対し、商品選択の際に「人口甘味料無添加」「保存料を使用していません」「合成着色料不使用」など、添加物を使用していない旨の表示を参考にしているかという質問があります（有効回答数1万1380件から無作為により1万サンプルを抽出）。

その結果、「常に『○○を使用していない』、『無添加』の表示がある食品を購入している（9・4％）」「できる限り、『○○を使用していない』、『無添加』の表示がある食品を購入している（22・2％）」と、**無添加食品を選んで購入している人が30％を上回っている**ことがわかりました。さらには、「特にこだわりがないが、『○○を使用していない』、『無添加』の表示に気がつけば、表示されている食品を購入している（30・4％）」を加えると、**60％以上の人は、「無添加（ありのまま）」を食品購入時の参考にしている**ことになります。

そして、健康食品を購入するときに半数以上の人が「原材料」を参考にしているというデータもあります。

さらに、**無添加食品は、２０１９年時点で３５００億円を超える市場が形成され、５年で1・48倍の成長となっています。**このように、なるべく注意しようと心がけている消費者は増えています。そのような方に、「機能性表示食品です」「○○の機能があります」といくら足し算をアピールしても、添加物が多量に含まれていたら、購入してもらえないでしょう。

ここまで見てきたように、健康食品の価値を「足し算」の要素（機能性）だけで考えるのではなく、「引き算」や「ありのまま」という価値も融合していくことで、独自のこだわりが生まれ、差別化やブランド力の向上につながっていくはずです。

差別化を図るための知財戦略

●特許を取得して他社の参入を防ぐ

本章の最後に、健康食品のマーケティングで差別化を図る方法として、特許などの知財戦略を紹介します。これは関与成分に関する用途特許（機能性に関する特許）を取得して、ほかの事業者がその機能性を謳うことを制限してしまうという戦略です。特許を押さえておくことで、ほかの事業者が参入できなくなる（もしくはライセンスが必要となる）ことから、差別化を図るうえで重要な戦略のひとつになっています。

たとえば、ある成分で目のピント調節機能に関する特許が取得できたとしましょう。ほかの事業者はその機能を謳った商品を販売すると、特許に抵触してしまうため、その成分を使った目のピント調節機能に関する機能性表示食品を販売できなくなります。

ただし、機能性表示食品の受理自体には影響がありません。ヘルスクレームが特許権に抵触しているかどうかは消費者庁がチェックするものではないからです。機能性表示食品のヘルスクレームや広告表示が、他社の特許に抵触しているかどうかを確認するのは、特許権を有する事業者です。仮に抵触している事業者が確認された場合には、販売停止を求めることやライセンス契約の締結の交渉をするといった対応が考えられます。

機能性表示食品では、多くの関与成分で特許が取られているため、自社の原料で届出しようとすると他社の特許に抵触してしまうことがあります。その結果、届出を断念するというケースがよくあります。

●特許出願までは情報をオープンにしない

特許を取得する側にとって、特許戦略で重要なのは、「特許出願前に研究結果を発表することはＮＧ」である点です。特許においては新規性があることが必須となりますが、特許法第29条第1項では新規性について次の記載があります。

「産業上利用することができる発明をした者は、次に掲げる発明を除き、その発明について特許を受けることができる。（中略）三　特許出願前に日本国内又は外国において、頒布された刊行物に記載された発明又は電気通信回線を通じて公衆に利用可能となった発明」

このように特許出願前に配布された刊行物に、特許に関連する研究結果が記載されている場合には、特許の新規性がないとみなされる可能性があります。たとえ、自社の研究であっても、新規性を失う恐れがあります。一定の基準を満たして新規性喪失の例外規定に適用される場合を除き、研究結果をあらかじめ公表してしまうことはリスクになります。したがって、特許出願までは学会発表やプレスリリースなどで情報をオープンにしないことが大切です。

PART 7

健康食品の将来展望と商品開発のアイデア

これから注目されるジャンル

●どのジャンルで勝負をするのか

いよいよ最後の章となりました。ここからは話の方向を未来に向けて、健康食品の展望や制度の行方、健康食品のあり方について考えていきたいと思います。

最初のテーマは、どんな健康食品がこれから注目されるかです。イチから商品を作る場合、どのようなジャンルに絞ればよいのでしょうか。

考え方としては、2つあります。「いまはまだ市場に（ほぼ）ない商品、かつ需要がある商品」と「いまはすでに市場にある商品、かつ市場拡大が見込める商品」です。

「いまはまだ市場に（ほぼ）ない商品、かつ需要がある商品」のジャンルとして、たとえば、目鼻に関する機能性表示食品は出ていますが、耳に関する商品は出ていません。目鼻に関する機能が謳えることを考えると、耳に関する商品も適切なエビデンスが存在すれば、商品化の可能性があるでしょう。

●男性・女性特有の健康課題に着目する

その他にも、男性向け、女性向けといった性別を絞った商品が考えられます。あくまでジェンダーレス社会を否定するのではなく、生理機能として男性もしくは女性特有の課題を解決しようという商品です。たとえば、男性向けでは、「前立腺の健康を維持する機能」などが挙げられます。これは、アメリカのダイエタリーサプリメントでも認められていますが、現状、機能性表示食品としては商品がありません。

一方、女性向け商品としては、「排尿機能」「更年期」などが挙げられます。現状、「骨の成分の維持に役立つ機能（更年期以降も骨を丈夫に維持したい女性に適している）」「日常生活で排尿に行くわずらわしさをやわらげる機能」に関する機能性表示食品が販売されていますが、商品数が非常に少なく、まだまだ伸びしろがあります。疾病に罹患している方向けの商品は医薬品となりますが、女性特有の健康課題は社会問題になっており、潜在的なニーズが高く、今後も注目されるジャンルです。

注意点としては、**必ず商品化が実現するわけではないため、リスクを許容できる場合にのみチャレンジすることです。**商品がないジャンルで需要があるものについては、すでに試みている事業者がいてもおかしくありません。それでも商品が世に出ていないとなれば、商品化に向けて何らかの課題がある可能性があります。したがって、安易に突き進むのではなく、あらかじめどのようなリスクがあるのか、解決策はあるのかどうかを把握して、商品化の見込みがある程度わかった段階で開発に着手するのが堅実です。

●高齢者をターゲットにした商品

次に、「いまはすでに市場にある商品、かつ市場拡大が見込める商品」として、２つ挙げます。ひとつは高齢者の方に向けた商品です。内閣府『令和5年版高齢社会白書』によると、日本の総人口に占める高齢者の割合（高齢化率）は29・０％です（２０２２年10月1日現在）。高齢化率は２０２５年には30％を超え、２０５５年には38％と予測されるなど、今後30年間以上にわたり上昇する見込みです。

この統計データを踏まえると、高齢者向けの商品はますます重要なセグメントとなり、ヘルスケア業界全体にとって、高齢者を無視することはできません。すでに高齢者向けの機能性表示食品として、認知機能（記憶力など）や視機能（目の黄斑色素上昇など）、血管のしなやかさなどに関連する商品が出ています。これらの商品では、ダブルやトリプルで機能性を謳った商品を出すこともあり得ますし、関節や骨に関する機能と組み合わせるなど、さまざまなパターンが考えられます。また、加工食品や生鮮食品として、美味しさや嗜好性を売りにすることも可能です。年齢を絞った商品は、今後も市場を伸ばしていくでしょう。

●ストレスや疲労感を軽減する商品

もうひとつは、ストレス対策商品です。現代はストレス社会と呼ばれるくらいストレスが溜まりやすい環境にあると言えます。

厚生労働省「令和3年労働安全衛生調査（実態調査）」によれば、現在の仕事や職業生活に強い不安やストレスとなっていると感じる事柄がある労働者の割合は53・3％と過半数を超えています。ストレスは、胃腸状態や睡眠などに影響を与え、ＱＯＬ（Quality of Life：生活の質）の低下やうつ病の進行にもかかわってきます。

将来的に社会環境の変化や技術革新などにより、ストレスのない社会が訪れるかと言えば、難しいように思います。すると、いまあるストレスを「自分でなんとかする」という考え方になってきます。

実際に、「一時的にストレスや精神的な疲労感を軽減し、リラックスさせる」「一時的に落ち込んだ気分を前向きにする」「ストレスを感じている方の睡眠の質を向上させる」といった機能を謳う機能性表示食品が６００億円以上の市場を形成しています。

このようなジャンルでは、**「ストレス×睡眠改善」「ストレス×腸内環境改善」「ストレス×疲労感軽減」といった組み合わせが好相性です。**また、お菓子やヨーグルトなど甘い食品との組み合わせも抜群でしょう。

東洋医学では甘味は体を緩めて、疲労をとるのに効果的とされています。疲れたときに甘いものがほしくなるのはごく自然なことと言えます。一方、酸味は甘味の効果を弱める作用があるので、レモンなどの酸味が強い商品でストレスや疲労感軽減を謳う場合には、甘味を加えた商品設計を意識するとよいでしょう。

話が逸れましたが、ストレス対策の商品は、労働者の半数がストレスを感じている状況から考えれば、まだまだ市場拡大が見込まれるジャンルのひとつと言えます。

●仮説と統計データで潜在ニーズを探る

商品が存在しない市場、成長段階の市場と言っても、ニーズの萌芽は現時点でも見られるものです。それは、統計データであったり、自分の周囲で困っている課題であったり、海外で販売されている商品であったり、マクロとミクロ、ローカルとグローバルの違いを問わず、**未来の市場のヒントはそこら中に隠されています。**

健康食品がほかの業界と違うのは、その時代の制度に沿っているかを問われるため、ニーズを叶える商品を作っても販売することができないというリスクを抱えていることです。とはいえ、過去から現在に至る制度の推移、市場に出回っている商品の傾向を追っていけば、予測可能な範囲も少なくありません。

「すでに○○の機能に関する製品が販売されている。○○の機能が謳えるのであれば、▲の機能だって謳えるはずだ。そうなると、足りないのはエビデンスだから、まずはデータを取得しよう」

「××の機能は現在日本では販売されてないけど、EUやアメリカでは販売されている。日本でも疾病に罹患していない消費者が困っていることがデータで確認できる。他社が参入していないいまが好機かも知れない。臨床試験をやるのは費用がかかるから、論文調査から実施してみよう。該当する論文が見つかったら、研究レビューを用いて、機能性表示食品で届出してみよう」

このように、仮説と現在持っているデータを見比べていくことで、潜在的な需要を発見し、新たな商品開発への糸口が掴めてくるはずです。

健康食品の未来は明るいのか？

●ヴィーガン向けの植物性代替食品

本書では健康食品を「健康の維持・増進に役立つことを謳う、あるいは健康保持増進効果等を表示して販売する、あるいはそのような効果を期待して摂られている食品全般」という意味で解釈してきました。ここからは、健康食品の枠が拡張する可能性について考えてみたいと思います。食と健康からスタートした健康食品に、将来どういったジャンルの商品が含まれてくるのでしょうか。

まず、紹介したいのは、ヴィーガンなどの菜食主義の方に向けた商品です。ヴィーガンとは卵や乳製品を含む動物性食品を一切口にしない「完全菜食主義者」のことです。最近ではヴィーガンの方に向けた商品が増えており、そのひとつに植物性代替食品があります。動物の肉を使わない大豆ミートや牛乳の代わりに豆乳を使った豆乳ヨーグルトなどが挙げられます。

マーケットも拡大しており、２０２０年度の市場規模は約２４０億円で、10年前の５倍まで成長しています。世界的にも植物性代替食品の市場は伸長しており、さらなる商品数増加と市場拡大が予想されます。

●昆虫食に代表されるサステナブルフード

もうひとつ注目したいのは、サステナブルフードです。これは環境や社会に配慮した持続可能な食品、生産者の人権や生活に配慮した食品のことを指しており、昆虫食などが有名です。

昆虫食市場は２０２１年には10億円を突破し、２年間で４倍の成長を遂げています。まだ一般に定着した段階ではなく、どこまで伸びるかは未知数ですが、社会全体にＳＤＧｓ志向が高まっていくなかで、成長分野とされています。

ＳＤＧｓに関する商品は健康食品とのつながりも深く、「健康にも環境にもいい」というフレーズを使った食品が今後も増加していくと考えられます。

その他にも、「引き算食品」である糖類オフ、カロリーオフの市場はそれぞれ５０００億円、カフェインレス、プリン体オフの市場規模はそれぞれ２５００億円を上回る規模に成長しています。「ありのまま食品」である無添加食品は３５００億円、オーガニック食品も１５００億円を突破しています。健康にかかわる食品の多様性は、今後もさらに拡大していくでしょう。

保健機能食品が生まれ変わる?

●検討されている制度改正の内容

保健機能食品の枠組みは2015年に機能性表示食品が加わって以降、大きな変更はありません。しかし、制度の変更は水面化で進んでいます。

栄養機能食品は、決められた栄養成分が決められた量入っている場合に限り、決められた文言が表示できるという制度です。この仕組みは2001年の導入から変わりなく、表示できる内容にも変更はありませんでした。しかし、機能性表示食品の導入時期から栄養機能食品制度については見直しの必要性が指摘されており、2022年に見直しに関する調査・検討が実施されました。

検討結果の報告書には、栄養機能食品として表示できる機能性の変更を検討していくと明記されています。**海外ですでに認められているヘルスクレームなど、表示できる幅が広**

がる可能性があります。海外で認められている表示としては、「ビタミンK：正常な骨の維持に役立つ」「カルシウム：正常な筋肉の機能および神経伝達に役立つ」などがあります。また、「消費者と事業者が容易に理解でき、短い栄養成分の機能表示を設定すべき」との意見も出ており、**現在よりもシンプルな表示となる成分が出てくる可能性があります。**

たとえば、亜鉛では、栄養機能表示として「亜鉛は、味覚を正常に保つのに必要な栄養素です。亜鉛は、皮膚や粘膜の健康維持を助ける栄養素です。亜鉛は、たんぱく質・核酸の代謝に関与して、健康の維持に役立つ栄養素です」という長い文言の記載が必須となっています。このような表現を短縮化して、一部分のみ表示できるようにすることは、事業者・消費者双方にメリットがあります。

これらの表記ができるようになれば、もともと栄養素として国が認定しているビタミンやミネラルの販売にとって追い風となります。一方、最新の科学的知見に基づいて妥当ではないと判断された場合は、現状許されている表記でも削除される可能性があるので、今後の動向が注目されるところです。

●トクホ再興の可能性

変わる可能性があるのは栄養機能食品だけではありません。トクホについても、「疾病リスク低減表示」に関する検討が行われています。具体的には新たな表示として、DHA、EPAの「将来の心血管疾患になるリスク低減」、茶カテキンの「メタボリックシンドロームの発症リスク低減」、桑の葉由来イミノシュガーの「2型糖尿病の発症リスク低減」に関する申請があり、協議が行われています。

現在、トクホは機能性表示食品への移行が進んでいるため、市場が落ちています。一方で、疾病リスク低減については、日本で唯一トクホだけが謳える表示です。疾病リスクを低減する新たな表示が可能になれば、機能性表示食品との差別化もできます。今後の議論次第ではありますが、前向きな方向性が見えてくれれば、事業者の参入も見込め、トクホ再興の可能性を秘めています。

ルールが変われば戦略も変わる

●2030年代までは現行ルールが続く?

健康食品の広告規制の未来についても考えてみたいと思います。広告規制が将来的に規制強化となるのか、緩和となるのかの二択で選ぶとしたら、強化の方向へ進むと考えます。というのも広告規制はこれまでの歴史を振り返ると、徐々に強化してきました。この流れを止めるのは容易ではありません。

健康食品のルールも日々変化を続けています。では、健康食品マーケティング3・0の制度はいつまで続くのでしょうか。

1・0時代は戦後から平成初期までの約40年間、2・0時代は平成初期から2015年までの約20年間続きました。それを踏まえると、10年程度でルールチェンジすることは考えにくく、2015年に始まった3・0時代は15〜20年間、つまり、2030年代までは続くのではないでしょうか。マイナーチェンジとして、栄養機能食品とトクホの疾病リスク低減機能の変更はあるかもしれません。

さらに先の時代では、新たな制度設計のもと、いままでになかった機能が表示できるようになるかもしれません。しかし、こればかりは時代の風向き次第であるため、予測は難しいと言えます。

●ルールを守ることが未来を拓く

総合的に考えると、どの時代においても、そのときに課せられたルールのなかでしか戦略は立てられないことに気づきます。ルールを守りつつ、自社が持っている武器を最大限に活用するしかありません。

特に、健康食品業界はルールが特殊なため、ルールを知らずにマーケティングをしようとすれば、必ず何らかの法規違反になってしまいます。「エビデンスを構築するためのルール」として、機能性表示食品のガイドラインやCONSORT声明、PRISMA声明などが存在し、「表示できる内容を決めるためのルール」として、景品表示法、健康増進法、薬機法などが存在しています。さらに通知やほかのガイドラインが最新の違反事例をキャッチアップします。ルールを知っていたとしても違反とみなされるケースがあとを絶たないわけですから、ルールを知らずに法規違反を免れることは極めて困難です。

このような理由から、現行の制度を最大限に活用するために、法規制や機能性表示食品の届出方法、広告・宣伝の手法、マーケティングの分類法などを解説してきました。法規制に違反してでも自社の利益を確保しようという考えや、ルールなんて関係ないといった考えに基づいた戦略を立てることは、社会のためにも自分たちの未来のためにもよいことだとは到底思えません。

一部の先人たちが消費者の利益よりも自分たちの利益を追求したために広告規制は強化されてきました。その一方で、ルールを守る健康食品事業者からの声によって機能性表示食品制度が誕生しました。この2つの流れが複雑に絡み合い、アップデートされた仕組みの上に私たちは立っています。

ルールを守る人たちだけが商売をしていれば、ルールは厳しくなりにくく、ルールを守らない人たちがいるから、ルールは厳しくなるのです。どのような制度でも動き出したあとに、制度の枠組みで対応できない事例が出てくるため、ルールの変更が行われます。ルールの導入↓ルールから逸脱した事例が出る↓ルールを変更する↓ルールが強化される↓ルールから逸脱した事例が出るというループ構造になっています。

健康食品の広告規制においても、まったく同じです。**広告規制を破ることは、規制強化への第一歩なのです。**ルールを守りつつ事業を拡大させていくことが、業界全体の未来によい影響を与える唯一の手段と考えることもできます。

●いつの時代も変わらない価値を提供する

とはいえ、弱肉強食の原理で動いている世の中です。ルールなどは破るためにあるのだという考えを持ったとしても不思議ではありません。しかし、規制をうまくすり抜ける方法を探すという間違った方向へ行かないために、武器としての戦略があるはずです。本書では健康食品マーケティング3・0時代のルールに則った正攻法としての戦略をお伝えしてきたつもりです。

将来、ルールが変わって4・0時代へと進化するかも知れません。しかし、たとえ大きなルール変更があったとしても、柔軟かつ迅速に対応しつつ、変わらない価値を提供するための努力を怠らなかった企業が勝ち抜いていくのだと思います。

いまの時代、そして、いつか訪れる4・0時代においても、自分たちが持っている武器を最大限に活かす知恵として、本書がきっと役に立つと信じています。

おわりに
——ルールを正しく理解しなければ、生き残れない

健康食品に関するマーケティングは、とても特殊な世界です。この10年間で健康食品業界は大きな変化を遂げました。機能性を証明するために以前よりも多くのエビデンスが求められるようになった一方、広告表示では健康食品を取り締まる法規制が年々厳しくなっています。そして、これから先の10年間は、もっと大きな変化の波が押し寄せるかもしれません。

健康食品の広告規制が強化されるほど、開発自体が難しくなるほど、各事業者の生き残りは厳しくなります。しかし、業界で勝つための方法はどこかの時期を境として、シンプルになっていくと私は考えています。ハードルが高くなるほどにほかの事業者が次々と脱落し、ライバルが減っていくからです。決められたルールでできることを着々とこなしていくことが最も重要な戦略になるのだと思います。

誰もが参加可能で何をやってもＯＫという環境は、果たして戦略を立てやすいでしょょ

うか。厳しい環境だからこそ、勝つための戦略を立てやすい側面もあるはずです。

私は10年間、数多くのクライアントと健康食品の商品開発に取り組んできました。そして、ルールに則って着々と取り組まれている企業では、商品開発が成功し、売上アップにもつながっています。そういう場面を何度も見てきました。

この本は、健康食品業界に新たに参入される方、すでに取り組んでいる方に向けて、健康食品への理解、新商品開発の推進、広告・マーケティング戦略の計画を少しでもサポートできればと思い、「自分以外にやる者はいない」という個人的な使命感から生まれました。

健康食品の販売にかかわる方にとって、本書が少しでもお役に立つことができれば、それ以上に望むことはありません。

２０２３年7月
著者

●参考文献

消費者庁「健康食品に関する景品表示法及び健康増進法上の留意事項について」

消費者庁「機能性表示食品の届出等に関するガイドライン」

消費者庁「機能性表示食品に関する質疑応答集」

消費者庁「特定保健用食品の表示許可等について　別添2特定保健用食品申請に係る申請書作成上の留意事項」

厚生労働省「錠剤、カプセル状等食品の原材料の安全性に関する自主点検ガイドライン」

厚生省「食品添加物の指定及び使用基準改正に関する指針について」

厚生省「無承認無許可医薬品の指導取締りについて」

消費者庁「機能性表示食品に対する食品表示等関係法令に基づく事後的規制（事後チェック）の透明性の確保等に関する指針」

一般社団法人健康食品産業協議会、公益社団法人日本通信販売協会「『機能性表示食品』適正広告自主基準」

株式会社富士経済「ウエルネス食品市場の将来展望２０１９」

ＴＰＣマーケティングリサーチ株式会社「２０２０年植物性代替食品市場の最新動向と将来展望」

東京都福祉保健局・東京都生活文化局編『健康食品取扱マニュアル第7版』（薬事日報社）

恩蔵直人『コモディティ化市場のマーケティング論理』（有斐閣）

清原和明「商売上手を科学する」『食品商業２０１7年4月号』（アール・アイ・シー）

仁科貞文『広告効果論―情報処理パラダイムからのアプローチ』（電通）

守口剛・竹村和久『消費者行動論―購買心理からニューロマーケティングまで』（八千代出版）
守口剛・上田雅夫ほか編著『消費者行動の実証研究』（中央経済社）
カール・シャピロ、ハル・ヴァリアン『情報経済の鉄則　ネットワーク型経済を生き抜くための戦略ガイド』（日経ＢＰ）
キャス・サンスティーン『シンプルな政府：〝規制〟をいかにデザインするか』（ＮＴＴ出版）

［著者略歴］

渡邉 憲和（わたなべ・のりかず）

株式会社薬事法マーケティング事務所代表取締役
一般社団法人日本食品エビデンス協会理事
東京薬科大学薬学部卒業。薬剤師。2006年に大学卒業後、医薬品CRO企業で、医薬品・医療機器の開発、サプリメントの企画・開発を行う。その後、製薬大手企業であるグラクソ・スミスクライン株式会社で市販後調査の業務に従事。2013年7月に株式会社薬事法マーケティング事務所を立ち上げ、代表取締役に就任した。2015年4月にスタートした機能性表示食品制度の専門家として、国内外の多くの企業、地方自治体などへのコンサルティングを行っている。また、薬事法規や広告表現、マーケティングに関するセミナー・講演も多数実施。2017年には日本食品エビデンス協会の理事に就任し、機能性表示食品の普及啓蒙活動にも取り組んでいる。

健康食品《けんこうしょくひん》マーケティング3.0《さんてんぜろ》
機能性《きのうせい》・エビデンス全盛時代《ぜんせいじだい》を勝《か》ち抜《ぬ》く戦略《せんりゃく》

2023年9月11日　初版発行

著　者　渡邉憲和

発行者　小早川幸一郎

発　行　株式会社クロスメディア・パブリッシング
〒151-0051 東京都渋谷区千駄ヶ谷4-20-3 東栄神宮外苑ビル
https://www.cm-publishing.co.jp
◎本の内容に関するお問い合わせ先：TEL(03)5413-3140／FAX(03)5413-3141

発　売　株式会社インプレス
〒101-0051 東京都千代田区神田神保町一丁目105番地
◎乱丁本・落丁本などのお問い合わせ先：FAX(03)6837-5023
service@impress.co.jp
※古書店で購入されたものについてはお取り替えできません

印刷・製本　株式会社シナノ

　ISBN978-4-295-40871-0　C2034